DÉMONSTRATIONS PRINCIPALES

de

PHYSIOLOGIE

de

PATHOLOGIE

et de

THÉRAPEUTIQUE

Basées sur la connaissance des fonctions vitales du sang,
c'est-à-dire du vitalisme ou de la nature

NOUVELLES

DÉMONSTRATIONS PRINCIPALES

du

MÉCANISME DE LA VIE

de

SES DÉRANGEMENTS ET ALTÉRATIONS, OU MALADIES.
DES PROCÉDÉS PAR LESQUELS LES FONCTIONS VITALES DU SANG QUI
L'ENTRETIENNENT EN OPÈRENT LE RÉTABLISSEMENT.

PAR

F. A. FOUCART

Médecin et Pharmacien.

Sciencia naturæ ostendit morbos
Docet et dirigit artem curandi eos

<table>
<tr><td align="center">A PARIS,
A BRUXELLES,
chez les principaux Libraires</td><td align="center">A LILLE,
chez Béghin, Libraire
et chez l'auteur, rue des Prêtres, 34</td></tr>
</table>

1861
1860

Lille. Imp. de Lefebvre-Ducrocq.

PRÉFACE.

Il n'y a pas de science qui doive plus vivement nous intéresser que celle du mécanisme de la vie, de ses mouvements et fonctions qui concourent à son entretien et à ses relations extérieures.

Ces connaissances abrégées sont indispensables pour diriger sûrement la satisfaction de nos besoins légitimes, en prévenir l'excès ou l'insuffisance, et autant que possible, les simplifier, et par là acquérir ou conserver la santé et le bonheur.

L'application de cette science est incessante; elle s'applique à tout ce qui a rapport à la vie.

Le public, en général, n'honorera l'art médical, ne concourrera utilement à son application, et ne cessera d'être la victime des préjugés et des charlatans, que lorsqu'il saura apprécier qu'il ne peut y avoir d'autre doctrine médicale que celle qui est démontrée positivement, c'est-à-dire par l'analyse des divers états matériels anormaux du mécanisme de la vie et de leurs effets particuliers, dont l'ensemble constitue les maladies; et lorsqu'il comprendra par quels procédés la nature seule ou aidée par l'art médical en détermine le rétablissement ou la guérison.

Ce n'est qu'après plusieurs années de recherches et de méditations que j'espère avoir découvert ces démonstrations utiles à la science et à l'humanité.

Pour que chacun ou tout le monde puisse s'y initier, j'ai abrégé autant que possible les descriptions anatomiques nécessaires à leur intelligence.

Mécanisme de la vie est synonyme de organisme, organicisme, vitalisme, nature.

Ces noms expriment le concours des procédés naturels par lesquels la circulation entretient les diverses fonctions vitales du sang dont les organes sont les instruments: lesquelles concourent à l'entretien de la vie et à la guérison des maladies.

INTRODUCTION.

Le Créateur a primitivement répandu la vie sur la terre en unissant divers principes particuliers ou entités, à des organisations particulières dont il a déterminé les formes et les propriétés.

L'entité de l'homme se distingue par son union à l'âme, principe divin et éternel qui nous donne la conscience de la sagesse, de la puissance infinie de Dieu, dont elle émane, de nos devoirs et d'une autre vie.

Le docteur Belling (anglais) dit dans ses éléments de médecine qu'il n'est rien qui doive nous donner une idée aussi élevée de la divinité que la connaissance du mécanisme de la vie.

MÉCANISME DE LA VIE.

Le *mécanisme de la vie* ou *organisme*, est formé par la mise en jeu des organes ou instruments particuliers qui constituent l'organisation humaine.

Les organes sont formés par des parties solides de diverses natures et textures, nommées tissus, et par différents liquides diversement disposés et distribués pour concourir à leurs fonctions.

Ces liquides et solides sont des corps destructibles formés de principes élémentaires indestructibles combinés par la vie.

Ces principes éternels sont plus particulièrement : le carbone, l'oxigène, l'hydrogène, l'azote, des sels calcaires, alcalins, etc., etc.

La réunion de plusieurs organes concourant à la même fonction vitale et à son entretien, se nomme appareil ; exemple, le cœur et les vaisseaux qui s'y unissent constituent l'appareil de la circulation. Les voies digestives et les glandes qui concourent à l'entretien de leurs fonctions constituent l'appareil digestif.

Les organes sont particulièrement formés par trois tissus dont les fonctions varient suivant leurs propriétés particulières ; ce sont : les tissus cellulaire, fibreux et nerveux.

Le tissu *cellulaire* est le plus répandu dans l'économie ; il enveloppe et pénètre tous les tissus et organes qui la constituent ; il concourt à toutes leurs fonctions et à leur entretien par son union aux vaisseaux.

Ce tissus est formé de petites lames élastiques et poreuses diversemenent disposées pour constituer des cellules communiquant toutes entre elles par leurs porosités, lorsqu'elles concourent à la même fonction.

Le tissu *fibreux* est formé de fibrilles ou petites fibres élastiques résistantes, plus ou moins serrées qui, suivant leur mode d'arrangement, impriment des mouvements de contraction ou d'expansion. Le tissu fibreux contractif ou élastique est celui qui est formé de fibrilles disposées longitudinalement. Il sert de lien à tous les organes et l'économie.

Il constitue la base de la peau, la tunique moyenne des vaisseaux, les aponévroses, les ligaments, les tendons qui s'inserrent aux muscles.

Le tissu fibreux expansif ou musculeux est formé par la disposition en zig-zag des fibrilles précitées, ce qui lui donnent la facilité de s'allonger et de se raccourcir.

Ces tissus sont diversement unis, et leurs propriétés particulières sont combinées pour entretenir les mouvements organiques.

Le *cœur* est le principal organe musculo-fibreux; sa forme est ovoïde; il est placé dans la poitrine un peu à gauche, entre les deux poumons; il est enveloppé d'une tunique fibreuse, nommée péricarde, dont il est séparé par une membrane séreuse.

Cette tunique, ou sac fibreux est logée dans l'écartement du médiastin, cloison qui sépare les deux poumons au-dessus de l'aponévrose centrale du diaphragme auquel il est fortement uni.

Le diaphragme est la cloison musculo-fibreuse qui sépare l'abdomen de la poitrine.

Le cœur est constitué intérieurement par deux cavités qu'on distingue en droite et en gauche; elles ont chacune deux ouvertures situées à sa base qui est située en haut et en arrière.

De l'une de ces ouvertures émane le canal artériel qui exporte le sang. A l'autre s'inserre une poche musculeuse nommée oreillette qui reçoit des canaux absorbants veineux principaux, qui s'y unissent le sang qu'elle transmet à la cavité du cœur à laquelle elle correspond.

Chaque côté du cœur est le centre d'une circulation particulière qu'on distingue en grande et en petite.

La grande circulation a sa source dans la cavité

gauche du cœur, de laquelle émane le grand canal artériel, nommé aorte, qui se distribue dans toutes les parties de l'économie et dont les rameaux se divisent en vaisseaux fins comme des cheveux, nommés *capillaires* artériels, qui se terminent et s'abouchent aux divers organes pour leur distribuer les éléments particuliers du sang qui en alimentent les fonctions.

A ces terminaisons organiques des vaisseaux capillaires artériels, s'unissent les vaisseaux capillaires veineux qui y absorbent le sang surabondant. Ces derniers vaisseaux formés en réseaux comme les précédents dont ils sont la continuation, se réunissent en veines qui sont constituées en deux plans, dont l'un profond suit le trajet des artères, et dont l'autre s'étend sous la peau. Ils se réunissent intérieurement sous le nom de veines-caves qui, au nombre de deux, sont distingués en supérieur et en inférieur.

La première est formée de la poitrine, de la tête, des membres supérieurs.

La seconde est formée des membres inférieurs et de l'abdomen.

Ces confluents veineux sont unis à l'oreillette droite du cœur dans laquelle ils versent les produits des diverses absorptions réparatrices des

pertes matérielles du sang, que leur ont transmis
les vaisseaux absorbants particuliers dont il sera
parlé. Cette oreillette ou cavité externe du cœur,
dont la dilatation s'opère simultanément avec celle
du côté gauche de cet organe, détermine cette
absorption veineuse.

La dilatation absorbante des oreillettes du
cœur est déterminée par la contractation impulsive
de cet organe, dont la dilatation qui s'opère immédiatement détermine leurs contractions et l'absorption de leurs produits veineux par ses cavités
dilatées.

La petite circulation du sang commence au
ventricule droit du cœur dont la contraction impulsive s'opère simultanément avec celle de sa
cavité correspondante, distribue le sang dans les
deux poumons par les ramifications de l'artère
qui en émane, nommé artère pulmonaire ; les terminaisons de cet artère s'abouchent aux cellules
ou vessicules pulmonaires et à leurs capillaires
veineux pour concourir à l'entretien de la respiration.

Ces capillaires veineux, réunis en quatre veines,
versent dans l'oreillette gauche du cœur les produits de toutes les opérations régénératrices du
sang. Celle-ci, par sa contraction, les transmet

au ventricule correspondant qui les distribue par la grande circulation dans toutes les parties de l'économie pour en alimenter les fonctions.

Les ouvertures des quatre cavités du cœur sont garnies de valvules disposées de manière à empêcher le sang de rétrograder.

Les artères qui émanent du cœur dont ils distribuent le sang, sont formés intérieurement d'une tunique lisse qui sécrète un liquide huileux qui en facilite la progression. Leur tunique moyenne est très épaisse, et formée d'anneaux fibreux qui s'opposent à leur dilatation.

Les artères, par leur constitution, peuvent s'allonger, et non se dilater sous l'influence des mouvements injectants du cœur.

Ces mouvements d'allongement nommés pulsations, s'opèrent simultanément avec les battements de cet organe central de la circulation.

Les *veines* qui reprennent le sang artériel pour le ramener au cœur, sont constituées intérieurement par une tunique à replis circulaires qui empêchent le sang de rétrograder. Leur tunique moyenne est formée de fibres longitudinales dont les contractions déterminent la progression du sang. Leur tunique externe est celleuse. Par cette constitution, ces vaisseaux sont dilatables. Cette dilatation est produite par l'accumulation du sang que déterminent les dérangements des fonctions vitales du sang, qui, comme il sera démontré, entretiennent la circulation capillaire artério-veineuse.

Des vaisseaux absorbants *lymphatiques* et *chylifères* sont constitués comme les veines, et sont blancs et très fins.

Les premiers qui accompagnent partout les veines, prennent leur origine dans toutes les parties de l'économie où se terminent les divisions artérielles. C'est là où ils puisent la sérosité du sang distribuée par la circulation pour entretenir la souplesse des tissus. Ces vaisseaux qui se pelotonnent dans diverses parties de l'économie sous le nom de ganglions lympathiques, se réunissent le long de la colonne vertébrale en deux canaux nommés lymphatiques. L'inférieur reçoit les vaisseaux chylifères qui prennent leur origine à la surface interne des intestins où ils puisent le chyle produit alibile de la digestion dont ils prennent le nom.

Ces vaisseaux qui traversent les duplicatures du péritoine, s'y pelotonnent sous le nom de ganglions du mésentère.

Ces deux canaux lympathiques versent dans les deux veines-caves auxquelles ils sont unis, les produits des deux absorptions précitées.

TISSU NERVEUX.

Le tissu *nerveux* est formé par une pâte
molle, pulpeuse, blanche ou grisâtre, qui, diversement combinée, constitue les différents organes
nerveux. Leur substance blanche se prolonge en
filets et cordons nerveux, qui se distribuent aux
divers organes de la vie de relation et de nutrition pour en entretenir les mouvements et fonctions
particulières.

Les organes et cordons nerveux sont constitués
en deux appareils nerveux.

Le *premier* qui préside à l'entretien de la vie
de relation a pour centre les quatre organes nerveux contenus dans la cavité cranienne, et qu'on
nomme encéphaliques.

Le cerveau est le plus volumineux de ces organes nerveux; il occupe toute la partie supérieure du crâne. Cet organe, très complexe, est le
siège de l'âme et de l'intelligence; il est divisé

supérieurement en deux parties nommées hémisphères, lesquels sont constitués extérieurement par de la substance nerveuse grise.

Le cervelet est sept fois plus petit que le cerveau; il est constitué comme lui extérieurement et divisé en deux hémisphères; il occupe la partie postérieure de la cavité cranienne.

Le mésocéphale est le troisième organe nerveux cérébral. Il a une forme arrondie, et est constitué plus particulièrement par les prolongements du cerveau et du cervelet.

Le bulbe rachidien, quatrième organe encéphalique dont il occupe la base, naît de la partie inférieure du précédent et est formé plus particulièrement des nerfs émanant des hémisphères du cerveau et du cervelet qui s'y entrecroisent et se prolongent dans le canal vertébral pour constituer ce gros tronc nerveux, nommé moelle épinière.

La moelle épinière ou cordon nerveux vertébral, fournit latéralement des filets nerveux qui, réunis dans les ouvertures latérales établies entre les conjugaisons des vertèbres, se divisent à leur sortie en trois rameaux nerveux d'effets différents : Les externes se distribuent à la peau pour y entretenir la sensibilité; les intermédiaires se distribuent aux muscles de la vie de relation et se constituent en plexus, qui, divisés dans les membres, en soumettent les mouvements aux divers états du cerveau ; les internes s'unissent aux pelotons nerveux qui sont les centres du second appareil nerveux.

Le cordon nerveux vertébral fournit encore des nerfs moteurs et sensibles aux organes contenus dans le bassin.

Les organes nerveux cérébraux sont en communication avec les organes de la vie de relation extérieure et intérieure par les neuf paires de nerf qui en émanent et qui s'y distribuent après avoir traversé les trous disposés pour leur passage à la basse de la cavité cranienne.

Ces neufs paires de nerfs sont :

1º Les nerfs olfactifs qui se ramifient dans la membrane qui tapisse les cavités nasales pour percevoir les odeurs.

2º Les nerfs optiques qui s'épanouissent dans l'intérieur de l'œil sous le nom de rétine, y perçoivent les impressions visuelles.

3º Les nerfs moteurs oculaires communs ;

4º Les nerfs moteurs oculaires pathétiques ;

5º Les nerfs trifaciaux constitués en trois rameaux qui se distribuent à la glande lacrymale, à la paupière supérieure, au nez, au front, à la tempe, à l'orbite, aux dents des mâchoires supérieures et inférieures, aux muscles et musqueuses de la bouche, etc.

6° Les nerfs moteurs oculaires externes.

7° Les nerfs faciaux et auditifs qui, distribués aux muscles de la face et aux cavités de l'oreille, président aux impressions de la physionomie, et perçoivent les sons.

8° Les nerfs glosso-phargugiens et pneumogastriques. Les premiers se distribuent à la langue et aux pharynx pour y entretenir la sensibilité. Les seconds, mieux exprimés par le nom de moyeux, sympathiques, se distribuent plus particulièrement aux organes de la respiration, au cœur, à l'estomac, au plaxus salaire, etc.

9° Les nerfs hypoglosses se distribuent à la langue pour en entretenir les mouvements.

Les nerfs cérébraux et spinaux sont les instruments conducteurs des principes moteurs qui entretiennent les mouvements et sensations des organes de la vie de relation auxquels ils se distribuent. Il sera souvent parlé des fonctions multiples des nerfs moyeux-sympathiques.

Les organes nerveux cérébraux et spinaux sont environnés de trois membranes, dont l'interne, nommée pie-mère est essentiellement formée par les vaisseaux qui pénètrent dans la substance grise du cerveau. L'intermédiaire est séreuse. L'externe qui adhère à leur réceptacle osseux est fibreuse.

Les cordons nerveux cérébro-spinaux sont environnés d'une gaine de substance fibro-celluleuse, nommée névrilème.

Ces téguments pénétrés par la circulation sont le siége de maladies particulières qui compliquent ou déterminent celles des organes nerveux cérébraux.

La circulation et ses fonctions sont entretenues simultanément par le second appareil nerveux. C'est pourquoi cet appareil porte le nom de grand sympathique.

Le *second appareil nerveux* ou grand sympathique est constitué par une double série de petits peletons nerveux nommés ganglions. Ils sont formés de substance nerveuse blanche et grise, plus ou moins pénétrés de vaisseaux sanguins, qui s'abouchent à cette dernière.

Ces ganglions sont disposés par paires à la tête, au cou, dans la poitrine, dans l'abdomen, en suivant le trajet de la colonne vertébrale, sur les côtés de laquelle ils sont placés.

Les paires de ganglions sont les réservoirs distributeurs de courants électro-nerveux différents , qu'ils reçoivent des nerfs rachidiens et cérébraux qui s'y unissent.

Cette distribution s'opèrent par d'innombrables filets nerveux très fins qui en émanent et qui unissent les ganglions entre eux. Ils se distribuent aux muscles et aux organes de la vie de nutrition pour en entretenir les mouvements et fonctions. Enfin ces filets se réunissent à la surface de ces derniers organes sous le nom de plexus.

Ces plexus établis à la surface des organes les plus essentiels à la vie, tels que le cœur, les poumons , les organes abdominaux , dont le plexus central placé sur la colonne vertébrale, nommé rayonnant ou solaire , est en communication directe avec le cerveau, comme les plexus des viscères pectoraux par les nerfs sympathiques qui s'y distribuent.

C'est pourquoi ce plexus, qui est placé derrière l'estomac reçoit l'impression de tous les grands ébranlements physiques et moraux que nous reportons au cœur.

Les vaisseaux sont environnés et pénétrés de nerfs grand-sympathiques qui en entretiennent les mouvements circulatoires et les fonctions organiques dont le sang est l'aliment.

Le *sang* est un liquide rouge, clair ou vermeil lorsqu'il provient des artères, et plus ou moins noir lorsqu'il provient des veines. Sa couleur varie encore suivant les individus. Par le refroidissement, il se partage en deux parties, l'une solide, nommée caillot; l'autre liquide, nommée sérum.

Le caillot est formé par la réunion des globules rouges du sang. Ce liquide en renferme 13 à 15 %, et à peu près un centième de fibrine.

Le sérum est formé de 79 d'eau, de 5 à 6 d'albumine de divers principes gras et d'un grand nombre de sels terreux et alcalins.

L'analyse du sang distingue dans ce liquide plus de trente principes différents qui indiquent combien il joue un rôle important et multiple dans l'économie.

Les globules rouges du sang sont formées intérieurement d'albumine et de cérébrine, et extérieurement d'un principe colorant ferrugineux, nommé hémathosine.

Ces globules rouges, par leur composition, sont en harmonie avec leurs fonctions magnétiques qu'elles remplissent dans la circulation que l'électricité neutre de l'air entretient par la respiration.

DE LA RESPIRATION.

———

La *respiration* est la fonction vitale du sang la
plus essentielle à l'entretien de la vie, l'air qu'elle
introduit dans la circulation y concourant par tous
ses éléments.

L'*air* est formé de soixante-dix-neuf parties
d'azote , de vingt-et-un d'oxigène , d'environ un
centième d'acide carbonique, de plus ou moins de
vapeur d'eau , de calorique et d'électricité neutre,
rarement libre, c'est-à-dire sensible.

La respiration se compose de deux actes différents qui sont l'inspiration et l'expiration.

L'inspiration ou introduction de l'air dans les
poumons est déterminée par la dilatation de la
poitrine opérée par la contraction de ses muscles
et du diaphragme, et qui a pour effet de dilater

les vessicules pulmonaires. Celles-ci aspirent l'air ambiant qui suit le trajet des canaux bronchiques qui s'y terminent.

L'expiration ou l'expulsion des principes gazeux contenus dans les vessicules pulmonaires est le résultat du rétrécissement de la poitrine opéré par le relâchement de ses muscles et du diaphragme et par la contraction des muscles abdominaux.

Ce sont les fonctions d'endosmose et d'exosmose, c'est-à-dire de pénétration et d'exportation gazeuses qui s'opèrent par les pores des vessicules pulmonaires avec le concours de la respiration et de la circulation, qui constituent la partie essentielle de cet acte.

Il faut que l'inspiration soit assez active pour que les veines pulmonaires dilatées par elle, absorbent en partie l'air introduit dans ses vessicules et y déterminent la diffusion des principes gazeux du sang, particulièrement de l'acide carbonique que distribuent à leur surface les capillaires artériels.

Plus les fonctions respiratoires sont profondes, c'est-à-dire actives, plus elles développent de calorique et de vapeur d'eau par leurs mouvements compressifs. C'est pourquoi l'haleine se refroidit chez les agonissants.

Par la respiration, les globules rouges du sang qui en sont les organes magnétiques, reprennent à l'air l'électricité qu'elles distribuent aux organes nerveux pour en entretenir les fonctions.

Lorsque le sang obtenu par la saignée fournit un caillot solide et régulier, dont la cohésion est l'effet de leur activité magnétique ou vitale, c'est le signe que la respiration est active et profonde.

Les hémisphères droits et gauches du cerveau et du cervelet étant polarisés comme les aimants, les granulations de leurs tissus nerveux gris sont pour chacun d'eux d'état électrique différent étant en communication avec la circulation par les vaisseaux capillaires de la pie-mère qui s'y abouchent. Ils décomposent l'électricité des globules du sang en neutralisant leur principe d'action contraire et mettant en liberté celui d'action semblable qui est absorbé par les tissus et cordons nerveux blancs, qui en sont les réservoirs et distributeurs aux divers organes, dont ils sont les moteurs de leurs divers mouvements, fonctions et sensations.

Si nous admettons l'hypothèse que l'électricité n'est composée que d'un seul principe qui prend un état électrique particulier ou sensible, selon les états moléculaires des corps auxquels on le distribuc ou qui le développent, les hémysphères cérébraux peuvent être dans ces conditions. (1)

Les nerfs cérébraux qui s'épanouissent dans les

(1) La fermentation nous présente des phénomènes magnétiques à peu près semblables à ceux des globules du sang.

Nous y voyons le ferment monter à la surface du liquide en fermentation pour y absorber l'électricité de l'air, puis descendre et la distribuer aux principes sucrés pour les décomposer en alcool et en acide carbonique, et aussi à l'albumine contenue dans ce liquide pour lui communiqur ses propriétés magnétiques, en la constituant en globules magnétiques ou ferment.

C'est par un mécanisme analogue que l'albumine du sang concourt essentiellement à la multiplication des globules rouges de ce liquide, et que l'albumine végétale entretient la diastase qui préside à la germination et à la végétation.

L'atmosphère, surtout l'été en temps d'orage, crée aussi des ferments azotés qui, distribués sur la terre, servent d'engrais.

Lorsque ces matières pénètrent des principes organiques ramollis par je calorique et l'eau, elles en déterminent la décomposition.

Lorsqu'elles se combinent à des principes miasmatiques, ou que ces derniers principes ont plus particulièrement servi à leur constitution, étant distribués aux végétaux ou aux animaux, ils y développent des maladies qui varient selon leur nature toxique.

organes des sens pour en entretenir les mouvements ou sensations, s'unissent à leurs terminaisons ou à celle d'un nerf accessoire, pour y distribuer les courants électro-nerveux différents qui, par leur neutralisation, sont les principes moteurs de ces fonctions.

A ces épanouissements nerveux s'abouchent des terminaisons vasculaires dont le développement sensorial, nommé orgasme, leur communique l'action magnétique des globules du sang ; qui renvoie au cerveau l'impression de ces organes, c'est-à-dire, perçues par leurs nerfs sensibles qui ont déterminé cet orgasme.

On observe facilement cette jonction terminale vasculo-nerveuse à la membrane pituitère qui perçoit les odeurs , aux papilles de la langue, à celles qui occupent la partie centrale des dents , à celles de la peau, nommées chaire de poule. Il faut en excepter celles du tact établies en éminences circulaires aux surfaces internes des mains et des pieds , qui ne sont constituées intérieurement que par des renflements des nerfs sensibles qui, établis en réservoirs électro-nerveux, transmettent au cerveau les impressions du toucher.

Le second appareil nerveux ne contient pas , comme le précédent, les principes sensoriaux particuliers qui constituent essentiellement la vie.

Il n'est formé que par des centres et filets nerveux insensibles qui reçoivent des nerfs cérébraux et vertébraux qui s'y unissent les courants électriques d'action contraire que distribue chaque série ganglionnaire pour entretenir les mouvements et fonctions des organes de la vie de nutrition.

Les mouvements organiques sont plus particulièrement ceux des tissus fibreux et musculeux qui entretiennent la circulation, la respiration et la digestion.

Les mouvements entretenus par les nerfs grand-sympathiques qui pénètrent ces tissus, s'exécutent simultanément avec ceux des fonctions vitales du sang, qui s'opèrent aux terminaisons vasculaires et qui s'abouchent aux organes qui en sont les instruments par les nerfs différents qui pénètrent et environnent ces vaisseaux.

La respiration et l'induction électro-cérébrale dont il vient d'être parlé nous ont représenté la nécessité de cette concordance entre les mouvements et fonctions organiques dont les dérangements sont la source des plus graves maladies.

(1) Les nerfs artériels sont conducteurs de l'électricité positive : les nerfs veineux sont les conducteurs de l'électricité négative.

Nous continuerons à observer cette concordance dans l'étude des fonctions chimiques du sang dont la plus essentielle est l'assimilation.

L'*assimilation* est la fonction calorifique et plastique du sang, dont le tissu cellulaire nourricier qui pénètre et enveloppe tous les autres pour en réparer les pertes, est l'instrument.

La circulation verse dans ses vessicules qui en sont le réceptacle, l'air inspiré, les principes gras du sang, et les courants électro-nerveux vasculaires et veineux qui entretiennent simultanément les mouvements injectants et absorbants, ainsi que les fonctions précitées.

Les courants électriques vasculaires différents y fixent l'oxigène de l'air à une partie du carbone, des principes gras du sang pour développer le calorique nécessaire à l'entretien de la température normale de l'économie qui est de 38° à 40 (1).

Fait à fait que l'azote de l'air est mis en liberté par cette combustion, il s'unit aux principes carbonés du sang, dont l'excès de carbone vient d'être transformé en acide carbonique, et s'assimile ainsi aux tissus charnus pour les développer

(1) La plus favorable aux opérations chimiques.

ou en réparer les pertes , ainsi qu'à l'albumine du sang , lorsque les aliments n'en procurent pas suffisamment.

Les veines capillaires font rentrer dans la circulation l'acide carbonique formé qui est exporté par l'expiration. Les parties usées de l'économie ou l'azote non assimilé , sont constitués en urée et chassés par les reins avec les principes salins surabondants du sang pour former l'urine.

C'est aussi par l'action des courants électriques vasculaires que l'albumine du sang alimente les secrétions de la même nature; ainsi que les globules du sang qu'elle multiplie comme il a été dit.

Les *sécrétions* sont les produits chimiques humoraux du sang dont les glandes sont les instruments. On les distingue en récrémentitielles, qui servent à l'entretien d'autres fonctions vitales, et en excrémentitielles qui sont rejetées au dehors.

Les glandes , dont les formes extérieures varient ainsi que le volume, sont constituées intérieurement en petites cavités ou en tubes à parois vasculaires qui, par leur constitution et disposition particulières , reçoivent de la circulation qui s'y abouche les éléments particuliers du sang et les courants nerveux artériels et veineux avec les-

quels elles créent leurs produits humoraux particuliers qui sont exportés par des conduits qui en
émanent nommés excréteurs.

Les glandes récrémentitielles sont celles qui,
comme les salivaires, les muqueuses des voies
digestives, la paucréatique, la biliaire donnent
naissance à des produits concourant à la digestion.

Les glandes excrémentitielles sont plus particulièrement les reins ou rognons qui sécrètent les
urines, et les glandes sudoripares qui, placées à
la peau sécrètent la sueur (1).

Les glandes les plus simples, les plus petites,
et les plus multipliées, sont placées dans le réseau
vasculaire qui constitue la couche moyenne des
membranes qui revêtent les cavités et conduits
qui communiquent à l'extérieur. Ces glandes, formées d'une cavité à parois vasculaire, reçoivent
des principes albuminoïdes du sang, qu'elles modifient en produits muqueux qui, répandus à leur
surface, les protègent contre l'action des corps
étrangers ou concourent à d'autres fonctions.

Ce sont ces produits qui impriment à ces mem-

(1) En exposant comment s'entretiennent les fonctions chimiques du sang, il sera parlé de leurs produits humoraux.

branes le nom de muqueuses, telles sont celles des voies digestives, respiratoires, urinaires, etc.

La peau, dans sa couche moyenne réticulaire, recèle aussi de petites cavités constituées comme les précédentes qui sécrètent un principe gras, qui entretient la souplesse de son épiderme et celle de ses produits pileux dont le bulbe est environné.

Les viscères et les cavités qui les récèlent sont tapissées d'une membrane cellulo-vasculaire très mince qui exhale et absorbe la sérosité du sang pour en lubréfier les surfaces. Cette secrétion leur imprime le nom de membre séreux.

Les secrétions et l'assimilation empruntent leurs matériaux aux aliments.

Les *aliments* sont les produits des trois règnes de la nature qui concourent à l'entretien matériel de l'économie.

L'air et les produits de la vie végétale, tels que les semences, les fruits, les racines, les tiges des végétaux alimentaires, sont seuls nécessaires à cet entretretien, par les principes carbonés qui les constituent essentiellement, et par le plus ou moins de principes albuminoïdes qui en sont les organes nerveux ou magnétiques, receptacles de leurs principes vitaux particuliers qui président à la germination, au bourgeonnement, enfin à tous les actes particuliers de la vie végétale.

L'étude complète des fonctions de nutrition justifiera cette proposition : Que la vie végétale suffit à la production des aliments.

* * *

DE LA DIGESTION.

* * *

La *digestion* est celle des fonctions de nutrition à laquelle nous participons plus particulièrement par notre intelligence. La faim en est le principe essentiel.

La faim naît de toutes les parties de l'économie où elle est exprimée par la faiblesse et le malaise retentissant à l'estomac par le tiraillement et la sensation particulière nommée appétit.

Ces effets sont opérés par la concentration sur les voies digestives d'une quantité de courants électriques vasculaires différents, proportionnée à l'activité des fonctions assimilatrices, et à l'insuffisance des éléments assimilables et combustibles du sang, qui, n'en opérant plus la neutralisation, déterminent les ganglions d'où ils émanent à les distribuer sur les voies digestives, pour y développer la sensation de la faim par leur action sur les nerfs sympathiques, stimuler les secrétions digestives et s'unir à leurs produits magnétiques pour opérer les élaborations digestives des aliments et leur absorption.

La faim, qui n'est que l'effet des aliments ou des boissons sapides sur les nerfs de la gustation et sympathiques, constitue la faim artificielle ou sensuelle ; la satisfaction n'étant pas secondée par la faim naturelle qui naît de toute l'économie, est toujours suivie de malaise prédominant à la tête et à l'estomac.

La digestion se compose d'actes mécaniques et chimiques qui sont : la préhension, la mastication, l'insalivation, la déglutition, la chymification, la défécation.

Nous ne parlerons que des actes chimiques.

Dans la bouche, les aliments doivent être suffisamment divisés et malaxés pour pouvoir s'imprégner des sécrétions salivaires et muqueuses déterminées par leur présence. Ces sécrétions ont pour but de transformer les principes carbonés, c'est-à-dire féculents, en principes sucrés.

Cette première opération digestive, trop souvent

incomplètement opérée a pour effet de constituer le bol alimentaire que la déglutition pousse dans l'estomac par son ouverture supérieure nommée cardia, à laquelle s'inserre l'œsophage.

La présence du bol alimentaire dans l'estomac y détermine une sécrétion muqueuse et électroïde abondante. Cette dernière, fournie tout à la fois par les nerfs sympathiques et ganglionnaires, lui donne par cette double source la puissance de décomposer les principes salins de cette sécrétion, qui, tout à la fois acide et alcaline, pendant cette influence, constitue le suc gastrique.

Le principe acide du suc gastrique s'unit aux principes charnus ou albuminoïdes des aliments pour opérer la disgrégation, qui facilite leur transmutation en albumine soluble ou albuminos par l'action magnétique des globules albuminoïdes de la sécrétion gastrique (1)

Les principes alcalins mis en liberté par la décomposition précitée s'unissent aux principes gras des aliments pour en opérer la solubilité.

Toutes ces sécrétions combinées au bol ali-

______

(1) Les propriétés transmutatives ou catalytiques sont d'autant plus puissantes que la faim qui les leur fournit est plus prononcée.

mentaire par les contractions de l'estomac, le constituent en une pâte grisâtre nommée chyme, qui, fait à fait de sa formation, pénètre par l'ouverture inférieure de cet organe placée à sa droite, sous le foie, nommé pylore, dans les intestins.

Cette ouverture, fermée par la contraction de son anneau fibreux, s'ouvre lorsque les contractions des plans fibreux de l'estomac déterminent la dilatation de son anneau musculaire, poussent le chyme dans la première et courte partie des intestins nommée duodenum pour y subir la troisième opération digestive nommée chylification.

Fait à fait que le chyme pénètre dans le duodenum, il reçoit du foie et du pancréas dont les canaux s'ouvrent à sa partie supérieure, leurs produits gras, azotés, qui magnétisés par les sécrétions nerveuses ganglionnaires déterminées par la faim, qui naît, comme il a été démontré de toutes les parties de l'économie, concourent encore à sa solubilité.

La chylification est l'opération digestive qui unit les principes gras de la bile aux principes gras des aliments, et qui supplée à leur absence ou insuffisance, et par ce moyen concourt essentiellement à la constitution du chyle liquide laiteux, salin et blanchâtre, composé de deux parties de principes gras et d'une partie de principe azoté. Ce dernier principe est fourni par les aliments et son insuffisance est comblé par une sécrétion plus abondante du pancréas et par celles des muqueuses digestives. Cet organe, ainsi que le foie, pour fournir une quantité plus ou moins abondante de sécrétions, sont impressionnés par l'action des éléments constituants du chyme sur les nerfs sensibles de l'estomac qui se ramifient dans ces viscères.

Le chyle se distribue à la surface des intestins où il est absorbé par les vissicules qui constituent l'origine des vaisseaux chyliférés.

Le principe colorant de la bile s'unit aux principes non rendus solubles des aliments et traverse avec eux le canal intestinal.

Pendant ce trajet, les aliments reçoivent encore des sécrétions muqueuses, d'autant plus magnétisées, c'est-à-dire, possédant une puissance modificatrice digestive, d'autant plus grande que la faim est plus prononcée, qui achèvent de transformer les aliments féculents en glycose et leurs éléments azotés en albuminos.

Cette précaution de la nature de produire les principes nutritifs indispensables que les aliments ne fournissent pas suffisamment, explique pourquoi le chyle varie peu dans sa composition, quels que soient ceux qui ont servi à sa confection.

L'albuminos est absorbée par les vaisseaux lymphatiques des intestins, et la glycose comme celle produite dans les premières opérations digestives absorbée à l'estomac aussi par la veine porte avec les principes aqueux des boissons et aliments est transmise au foie pour concourir à la formation de la bile, avec le sang du paucreas et de la rate, et celui qu'y distribuent les artères de cette glande.

L'analyse des fonctions de nutrition vient de démontrer combien la nature a simplifié nos besoins. Ce qui est prouvé par la bonne santé dont jouissent ceux qui se sont habituées à ne faire usage que d'aliments élaborés par la vie végétale et d'air pur.

Les animaux herbivores, dont les développements charnus, graisseux et produits laiteux sont si abondants, n'ont que l'air et les végétaux pour aliments.

Les maladies de poitrine qui, chaque année, déciment les bestiaux, sont les effets de la respiration de l'air impur des étables, respiration qui doit être d'autant plus active que ces animaux sont plus développés et fournissent plus de lait.

Il est éminemment utile que chacun connaisse le rôle important de l'air dans l'entretien de la vie, car alors l'on verrait moins d'indifférence à le renouveler dans les appartements et les ateliers. Il est des pauvres gens, qui, ayant calfeutré leurs chambres à coucher pour les préserver du froid, les conservent dans cet état toute l'année. Les scrophules en sont les effets les plus fréquents.

Dans les villes, les logements étroits qui renferment des familles d'ouvriers étant souvent inaérés, particulièrement l'hiver, sont les causes de leur étiolement.

Professant que lorsque les fonctions de nutrition sont suffisamment actives, les produits de la vie végétale, et particulièrement les semences, suffisent à l'entretien ou au développement simultané des tissus de l'économie et de l'albumine du sang (un principe quartenaire ne pouvant être uni à d'autres principes semblables par la galvanoplastie).

Mais lorsque ces fonctions ont perdu leur activité par les maladies, l'état sédentaire, la prédominance des occupations mentales, l'usage modéré et à un seul repas d'aliments charnus concourt utilement à l'entretien de la vie.

Ceux qui se sont habitués à en faire un usage

abondant entretiennent une excitation qui est suivie de faiblesse, aussitôt qu'ils le cessent brusquement. Ils sont aussi plus maigres et plus irritables que ceux qui en usent sobrement. (1)

La *soif naturelle* naît comme la faim naturelle de toutes les parties de l'économie. Son mécanisme est le même; lorsque les fonctions chimiques du sang sont diminuées par l'insuffisance des principes aqueux, leurs courants vasculaires, devenus surabondants, se concentrent sur les voies digestives pour développer la sensation de la soif ressentie à la gorge, à l'estomac, et pour y absorber les principes aqueux, ce qui est ex-

(1) La graisse est le produit des aliments de nature végétale que les fonctions digestives produisent au-delà de la quantité qui est brûlée pour entretenir la température de l'économie que la circulation met en réserve dans le tissu cellulaire pour l'y reprendre lorsqu'elle en contient insuffisamment pour satisfaire à cet entretien.

L'exercice corporel, sous un air pur et renouvelé, activant la respiration et la combustion, est le moyen naturel pour diminuer l'obésité. Cette diminution sera alors d'autant plus facile qu'elle sera secondée par la diète.

primé par la sécheresse de ces parties, et le bien-être général lorsqu'elle est satisfaite par l'ingération de l'eau pure ou peu chargée de principes doux, sapides ou alcooliques.

L'eau étant le véhicule de toutes les fonctions vitales du sang, son insuffisance est plus pénible et moins supportable que la faim.

La soif artificielle est purement locale comme l'appétit ; elle est l'effet de l'impression sur les nerfs cérébraux de la bouche, du pharynx, de l'estomac, du sel, des substances sèches, sapides, alcooliques, d'une irritation locale que peu de boissons satisfont.

L'analyse des effets des boissons composées dont on fait souvent abus, comme de l'usage des aliments charnus, est aussi d'un grand intérêt.

Les boissons aqueuses obtenues par la fermentation, par infusion et rarement par décoction, doivent contenir des principes fixes de nature astringente et des principes volatils ou expansifs en faibles quantités.

Ces principes doivent être proportionnés pour ne pas prédominer dans l'une de ces propriétés, ne pas altérer par leur passage l'estomac, le foie, le cœur, les poumons, les reins, etc., et ne pas léser les organes nerveux cérébraux, c'est-à-dire,

de la vie intellectuelle et instinctive par la surélec-
trisation produite par la multiplication de la circulation déterminée par l'action stimulante de ces
boissons sur les nerfs sympathiques.

Cette électrisation ou innervation surabondante,
entretenue par une respiration et une circulation
plus grande des globules du sang, exagère les
sensations, en multiple les besoins et souvent les
altère.

L'abus réitéré des boissons alcooliques et surtout des eaux-de-vie et liqueurs, détermine, non-
seulement des altérations organiques et des sensations exagérées, mais encore la prostration des
forces morales et physiques, en entretenant une
nutrition artificielle. En effet, lorsque dans les
cellules du tissu cellulaire nourricier se répand
un serum du sang alcoolisé, ce principe y étant
brûlé de préférence à ses principes gras dont une
partie s'unit à l'azote de l'air décomposé pour
s'assimiler aux tissus et constituer de l'albumine
et de l'urce, la faim, les forces et l'embonpoint
diminuent.

L'usage abondant des boissons aromatiques et
alcooliques qui déterminent la multiplication de la
circulation est surtout funeste aux tempéraments
sanguins.

Les personnes affaiblies ne peuvent qu'en user modérément, afin de ne pas développer une activité exagérée de la circulation, et conséquemment de courants d'action contraire qui, ne pouvant être neutralisés par les fonctions de nutrition, troublent l'économie et développent un état fébril.

Les boissons stimulantes, et souvent de nature astringente, prises abondamment en mangeant, précipitent ou troublent la digestion. Elles ne sont utiles, après avoir mangé et en petites quantités, que lorsque la digestion s'opère difficilement.

L'eau étant le véhicule naturel de toutes nos fonctions chimiques ou de nutrition, elle est le seul liquide indispensable à la digestion.

Bien des gens croient que le verre d'absinthe ou de tout liquide alcoolisé pris avant le repas est favorable à la digestion.

Ce funeste usage, en hâtant le développement de l'appétit, le prédispose à ses exagérations, et développe lentement des irritations des organes digestifs.

C'est le verre d'eau fraîche pris avant le repas qui prépare une meilleure digestion en augmentant la liquidité du sang et en facilitant ses fonctions chimiques. C'est pourquoi on se trouve bien de le commencer par une soupe légère, c'est-à-dire peu chargée d'aliments.

L'exercice corporel, l'air pur et renouvelé, les satisfactions de la conscience, du cœur, de l'esprit, de la société, la santé, sont les meilleurs stimulants des fonctions digestives et assimilatrices.

L'eau est encore le meilleur modérateur matériel des sensations, et le meilleur cosmétique par son passage interne et externe.

Que ceux qui n'en font pas suffisamment usage pour boissons, le fassent prédominer, ils en seront bien récompensés par une longue existence accompagnée de bien-être physique et moral, c'est-à-dire de bonheur.

L'eau est le remède général et principal de toutes les maladies.

_______ _

Par la connaissance des fonctions de nutrition, chacun peut apprécier que le plus grand nombre mange surabondamment, parce que le plus ordinairement on ne consulte pour cela que l'appétit qu'on cherche encore à augmenter artificiellement.

Cette connaissance démontre que les aliments ne peuvent être digérés et concourir à l'entretien des fonctions de nutrition qu'en proportion de la quantité de faim qui est l'expression des degrés de leur besoin et de leur activité.

C'est surtout la connaissance vulgarisée des fonctions essentielles de l'air dans l'entretien de la vie qui rendra moins indifférent sur la pureté de ce principal aliment.

DU SOMMEIL

Le *Sommeil* est la suspension naturelle et intermittente des fonctions de relation déterminée non seulement pour ménager par le repos les organes nerveux, dont le tissu délicat n'étant pas pénétré de tissu cellulaire-nourricier, est difficilement réparé ; mais plus particulièrement pour que, par cette suspension, les organes nerveux encéphaliques puissent recevoir de la circulation la quantité de fluide électro-nerveux dont ils sont les réservoirs pour entretenir pendant la veille et simultanément les deux appareils nerveux,

Ces explications démontrent pourquoi la veille est prolongée chez les personnes affaiblies ou âgées, dont la diminution des fonctions de nutrition, c'est-à-dire du système nerveux ganglionnaires, permet au cerveau et à la circulation d'entretenir plus longtemps les fonctions des organes nerveux de la vie de relation.

La veille est encore prolongée par tout ce qui surexcite la circulation. Elle diminue pour tout ce qui multiplie l'activité des fonctions de nutrition, tels que la jeunesse, les travaux matériels, qui, neutralisant, abondamment les courants nerveux ganglionnaires, en déterminent plus promptement l'insuffisance dans les organes de la vie de relation.

L'*anasthésie* est l'état de sommeil et d'insensibilité que détermine la respiration de principes gazeux et volatils, tels que l'acide carbonique, l'éther, le chloroforme, etc., qui, interposés en grande quantité dans l'air inspiré privent les globules du sang, et conséquemment les organes nerveux de la quantité de fluide magnétique atmosphérique, nécessaire à l'entretien de leurs fonctions, insuffisance qui s'exprime primitivement dans les organes de la vie de relation.

La *constitution* est l'état général de l'économie. La meilleure est celle dont les organes remplissent activement et régulièrement leurs fonctions.

___

DU TEMPÉRAMENT

___

Les *tempéraments* sont des constitutions particulières exprimées par la prédominance d'un ou de plusieurs appareils organiques; ils impriment aux individus et aux maladies des caractères particuliers.

Les tempéraments les plus fréquents sont les sanguins, les nerveux, les bilieux, les lymphathiques, etc. Ces tempéraments, variant plus ou moins, et étant souvent plus ou moins unis entre eux, je les ai désignés au pluriel.

Le *tempérament sanguin* est l'expression d'une grande activité des fonctions de nutrition. Ordinairement, il est aussi favorable au moral qu'au physique.

Le tempérament nerveux est celui qui est exprimé par la prédominance de l'impressionnabilité du système sensorial.

Cet état adynamique du système nerveux de la vie de relation est plus ou moins accompagné de l'état adynamique des fonctions de nutrition.

L'irrégularité de la santé et des sentiments en est l'effet.

Le *tempérament bilieux* est exprimé par l'activité des organes digestifs, particulièrement de la sécrétion biliaire, activité qui, comme il a été démontré, prend naissance dans celle des organes cérébraux et assimilateurs. Aussi les personnes de ce tempérament possèdent-elles une très grande activité morale et physique.

Le *tempérament mélancolique* est un état de maladie morale et physique plus ou moins larvé appréciable).

Cette dernière est particulièrement une irritation chronique des voies digestives, entretenant la congestion du cerveau et des poumons, congestion qui obstrue les brillantes fonctions de ces viscères les plus essentiels à la vie.

Le *tempérament lymphatique* est constitué par un état adynamique du système lymphatique, exprimé par son développement. Il est l'effet des fonctions assimilatrices et circulatoires. C'est pourquoi il a produit l'insuffisance d'énergie physique et moral

On distingue encore d'autres tempéraments, puisque ce nom peut s'appliquer à tout état particulier et continu développé dans les fonctions qui jouent un rôle important dans l'économie.

Les *habitudes* sont les effets des répétitions long-temps prolongées des actes et des sensations. Elles impriment des modifications matérielles organiques qui en facilitent ou en déterminent la perpétuation. C'est pourquoi elles s'établissent facilement dans la jeunesse et difficilement dans l'âge avancé. Aussi, il importe dans le premier âge de développer celles qui sont bonnes et de réprimer celles qui sont mauvaises.

Il existe encore chez les individus des susceptibilités physiques ou morales particulières, nommées idiosyncrosies, déterminées comme les états particuliers précédents par des causes internes ou externes dont la connaissance est indispensable pour les modifier avantageusement.

Ces susceptibilités impriment aussi aux maladies des caractères particuliers.

MALADIES EN GÉNÉRAL

et de celles

QUI SONT LES PLUS FRÉQUENTES.

La connaissance des maladies naît de celle des fonctions vitales du sang, c'est-à-dire de la manière dont le sang, par sa circulation, entretient les fonctions de nutrition et les sensations qui constituent essentiellement la vie.

Les maladies sont les effets locaux et éloignés de leurs lésions, désignés sous les noms de symptômes locaux et éloignés. Ces derniers sont aussi nommés secondaires, parce qu'ils sont déterminés par les premiers. La connaissance et distinction de ces derniers sont dirigées par celles de la corrélation de toutes les fonctions de la vie matérielle et de relation.

4

Les causes des maladies sont : les infractions aux lois de l'hygiène, les impressions physiques ou morales exagérées, les principes virulents et miasmatiques, etc.

Ces causes produisent les maladies en général en dérangeant l'harmonie des relations fonctionnelles des principes immatériels et matériels qui entretiennent les mouvements et fonctions de l'organisme.

Les lésions des fonctions vitales du sang sont exprimées par les dispositions anormales des solides qui en sont les instruments, qui, déviant les courants électro-nerveux différents, dont les rhythmes normaux les neutralisaient, les développent. Ces courants développés, réagissent alors sur ces dispositions matérielles anormales, pour se neutraliser, en opérant leur rétablissement. C'est ce qu'on nomme vulgairement triomphe des effets conservateurs de la nature ou guérison.

C'est ce procédé électro-dynamique, nommé réaction, qui constitue la maladie en général et son traitement naturel, que l'art médical ne fait que diriger lorsque la nature est impuissante ou désordonnée pour déterminer seule le triomphe ou neutralisation de la réaction.

Les réactions ou maladies se divisent plus particulièrement en trois degrés différents, qui en font varier le traitement.

La réaction la plus élevée, nommée aiguë, est entretenue par la surabondance des globules du sang, et une active respiration. Cet état, exprimé par un pouls dur et plein, est combattu par la saignée ou la diète.

La réaction d'un degré moins élevé, exprimée par un pouls moins dur et une respiration plus active, est particutièrement combattue par la saignée locale, la saignée générale modérée, la diète ou par les divers moyens révulsifs qui seront exposés à l'article thérapeutique.

La réaction d'un degré le plus faible, constitue la réaction adynamique ou chronique, que la saignée rendrait encore plus impuissante, et qui préconise l'emploi de stimulants révulsifs et chimiques, c'est-à-dire modificateurs et réparateurs.

Les réactions les plus fréquentes sont celles déterminées par les lésions des fonctions de nutrition, désignées sous le nom d'irritations continues, parce qu'elles se prolongent jusqu'à ce que ces fonctions soient rétablies.

Les fonctions de la vie de relation n'étant pas continues comme les précédentes, les réactions déterminées par leurs lésions, n'ont pas comme ces dernières un caractère continu.

Les irritations développées dans les fonctions chimiques du sang ou de nutrition, produisent des effets différents qui servent à les distinguer.

Les irritations développées dans les fonctions secrétoires se manifestent par des secrétions plus abondantes et imparfaites ou viciées, selon la nature des causes qui les ont déterminées. Celles développées dans les fonctions assimilatrices se manifestent par des produits anormaux particuliers des altérations organiques qui varient non seulement selon les causes qui les ont déterminées, mais selon les tissus qui en sont le siège.

Les irritations sont d'autant plus promptement

guéries qu'elles ne sont déterminées que par des
infractions aux lois de l'hygiène, et qu'elles ne
sont pas entretenues par des principes virulents ou
des altérations organiques.

Le traitement des irritations ou réactions moléculaires en général, repose plus particulièrement
sur l'emploi des moyens empruntés à l'hygiène
qui sont : l'éloignement des causes, le repos, la
température régulière et douce, l'introduction dans
l'économie de principes aqueux en quantité suffisante pour diviser et rétablir dans leurs rhythmes
fonctionnels les états matériels anormaux dont la
résistance entretient l'irritation.

Ces moyens sont suffisants et ont prompt succès
lorsque les irritations sont simples, à leur début,
et suffisamment aiguës. Quant aux états chroniques,
leur traitement plus complexe sera exposé à la
thérapeutique.

Lorsqu'une irritation développée dans une
fonction de nutrition est accompagnée de la congestion ou accumulation du sang dans les vaisseaux
capillaires veineux ou absorbants; cette congestion,
qui entretient la dilatation de ces vaisseaux, et
conséquemment s'oppose au rétablissement de leurs

contractions circulatoires absorbantes, a aussi pour effet de suspendre ou plutôt de diminuer la fonction que leur circulation normale entretenait. C'est pourquoi dans ce dernier cas, caractérisé par la rougeur, la tuméfaction, il s'opère un plus grand développement ou interruption de courants nerveux différents que dans l'irritation simple. C'est ce qui en rend la température plus élevée.

Cette lésion vitale de la circulation, suspendant les fonctions secrétoires sur lesquelles elle repose. on la détermine quelquefois artificiellement pour modifier ou supprimer des secrétions exagérées. Ce moyen est désigné sous le nom de changer le mode d'irritation.

Lorsque l'irritation congestionnée n'est pas promptement guérie, elle a pour effet fréquent lorsqu'elle est aiguë, de transformer en gangrène ou phlegmon, l'organe secrétoire ou assimilateur sur lequel elle repose. Ce sont ces effets destruc-teurs qui, probablement, ont déterminé à lui donner le nom d'inflammation.

Le traitement de l'irritation congestionnée a pour but de déterminer le rétablissement de la circulation du sang accumulé dans les capillaires veineux et simultanément celui de la fonction vitale lésée à laquelle s'abouchent ces capillaires absorbants.

Ce triomphe ou neutralisation est déterminé par des moyens différents, selon que cette réaction congestionnée est aiguë, subaiguë ou chronique.

On détermine le triomphe de la réaction aiguë en diminuant par la saignée locale ou générale la quantité de sang surchargé de globules rouges qui entretient une réaction et une résistance exagérées.

L'irritation congestionnée subaiguë est traitée avec succès par les saignées modérées et les applications révulsives.
Les états adynamiques ou chroniques des réactions congestionnées sont traités par les applications révulsives et la médication chimique ou altérante, analysées dans la thérapeutique.

Les *hémorrhagies* spontanées sont des diffusions ou épanchements du sang, déterminées par des irritations congestionnées ou des congestions simples ou absolues.

Leur traitement est le même que celui de ces derniers états, et ne varie que par l'emploi modéré des astringents, lorsque l'hémorrhagie a un caractère adynamique.

Lorsque les irritations congestionnées adynamiques s'établissent insensiblement dans un viscère tel que le cerveau et les poumons, ce qu'on observe le plus ordinairement chez les personnes âgées ou affaiblies, leur traitement en est souvent négligé.

La congestion viscérale est absolue lorsque la fonction vitale du sang qui en entretient la circulation est suspendue ; conséquemment elle ne produit pas la réaction qui préside au rétablissement de la circulation organique.

Cette lésion vitale du sang est d'autant plus grave qu'elle repose sur des organes qui, comme le cerveau et les poumons, en sont les principaux instruments.

Les congestions viscérales sont déterminées par une activité exagérée ou insuffisante de la circulation.

Le traitement des congestions cérébrales varie selon leurs causes et leur nature dynamique ou adynamique. La première, caractérisée par la rougeur de la face, la chaleur de la peau, le développement artériel, est combattue par la saignée générale, les frictions, etc.

La seconde, caractérisée par la pâleur, le refroidissement, la concentration artérielle, est combattue par les stimulants alcooliques, aromatiques, ammoniacaux, placés sous les ouvertures nasales ou dont on frictionne la peau.

La congestion cérébrale, déterminant une hémorrhagie spontanée, constitue l'apoplexie cérébrale, qui, le plus ordinairement, s'établit sans signes précurseurs.

Le traitement de cette grave maladie se divise en deux parties :

On oppose immédiatement les saignées à l'apoplexie entretenue par une hypérémie générale; lorsque l'hypérémie n'est que locale, ce qui est indiqué par un pouls moins dur et moins développé que dans le cas précédent, on applique des sangsues derrière les oreilles, et immédiatement on administre des lavements purgatifs, des boissons acidulées purgatives, et l'on applique des compresses d'eau froide sur le front.

L'emploi des purgatifs est toujours indiqué dans la première période de cette maladie, non seulement pour débarrasser les intestins et faciliter la circulation ventrale, mais aussi pour opérer un diverticulum indispensable de la circulation cérébrale congestionnée.

Il importe de débarrasser les intestins avant que la fièvre, qui se déclare le deuxième ou troisième jour après le développement de l'hémorrhagie, et qui supprime les secrétions en général et conséquemment entretient la constipation, n'ait pu rendre leur action purgative stérile.

On administre les purgatifs pendant l'état fébril qu'à doses élevées pour déterminer une action anti-fébrile, nommée contro-stimulante.

Lorsque l'hémorrhagie a déterminé une irritation congestionnée, cérébrale, fébrile ; on produirait l'impuissance de la réaction locale déjà préparée à l'abaissement par les saignées appliquées avant son développement pour modérer l'hémorrhagie. Si la saignée générale était encore appliquée dans cette seconde période de l'apoplexie.

On abaisse la réaction injectante fébrile qui entretient l'irritation congestionnée qui constitue cette période par la médication contro-stimulante, et on produit un diverticulum à la congestion en appliquant des sangsues derrière les oreilles.

Lorsque l'inflammation cérébrale apoplectique a un caractère adynamique, c'est-à-dire qui contre-indique les saignées, on active la réaction générale et on produit un diverticulum à la congestion cérébrale en appliquant aux membres inférieurs des vésicants ou des rubéfiants assez puissants pour y développer une irritation congestionnée artificielle, proportionnée à celle de l'encéphale, dont elle a pour but de déterminer le triomphe.

Le triomphe des réactions locales qui ont déterminé la fièvre est exprimé par son déclin.

L'état fébril aigu, entretenant la congestion viscérale, la révulsion irritante externe activant la circulation est dans ce cas contre indiquée.

La révulsion intestinale, qui détermine l'abaissement de l'activité de la circulation, est indiqué dans les prodromes de l'apoplexie hypérémique ou sanguine, lorsque cette hypérémie est plus locale que générale. Dans ce dernier cas, cette révulsion doit être précédée de la saignée générale.

DE LA FIÈVRE EN GÉNÉRAL.

La *Fièvre* est une réaction générale de la circulation, déterminée par la lésion d'une ou plusieurs fonctions de nutrition.

La connaissance de son mécanisme, qui en dirige le traitement, constitue la partie principale de la pathologie.

On distingue dans la fièvre les périodes de développement, d'état et de déclin.

La fièvre se développe lorsqu'une ou plusieurs fonctions de nutrition, suffisamment lésées et abaissées, suspendent l'émission des courants nerveux ganglionnaires, que leurs fonctions normales neutralisaient.

Cette suspension exprimée par le refroidissement, le malaise, la faiblesse, les frissons, l'inappétance, détermine leur distribution proportionnellement plus abondante sur les voies digestives, et plus particulièrement à l'estomac.

La fièvre est développée par la concentration

précitée des courants électro-ganglionnaires, dont les développements déterminent sur les nerfs pneumo-gastriques qui s'y distribuent, la sensation de la soif et souvent de l'appétit; mais plus particulièrement une action récurrente nerveuse cérébrale, qui détermine cet organe central de l'innervation à diriger plus abondamment des courants électro-nerveux aux organes de la respiration et de la circulation, pour en multiplier les mouvements par les rameaux des nerfs qui s'y distribuent.

La multiplication des mouvements respiratoires et circulatoires, qui en sont les effets, procure aux organes nerveux encéphaliques une plus grande quantité de principes électriques, qu'ils distribuent sous ses deux états différents aux paires de nerfs moyen-sympathiques et ganglionnaires, pour entretenir la réaction générale et être distribués par ces derniers à toutes les fonctions de nutrition pour en opérer le rétablissement en se neutralisant.

C'est ce rétablissement qui constitue le triomphe des réactions locales qui ont déterminé la réaction générale, c'est-à-dire la fièvre, alors cette dernière décline et cesse.

Ces effets sont exprimés par le rétablissement normal des fonctions de nutrition, et primitivement des secrétions.

Les urines reprennent de la coloration, la peau moitit, et sa chaleur, entretenue par le développement de la réaction générale, diminue, ainsi que la soif. Le sommeil et l'appétit se rétablissent ; la régularité et le nombre normal des pulsations sont encore les signes de ce rétablissement.

La fièvre n'étant que le symptôme de la réaction générale, de la circulation déterminée par la lésion d'une ou plusieurs fonctions de nutrition, elle porte le nom de la lésion principale ou primitive qui l'a déterminée.

Lorsque cette lésion n'est pas appréciable, elle porte le nom de ses symptômes dominants ; sont dans ce dernier cas les fièvres de nom suivant : éphémère, inflammatoires, typhoïde, puerpérale, éruptives, etc.

La *Fièvre éphémère* est l'expression de l'irritation générale de toutes les fonctions de nutrition, dont cette réaction générale triomphe, c'est-à-dire en détermine le rétablissement du deuxième au troisième jour de son développement.
Cette fièvre n'étant ordinairement déterminée que par des infractions aux lois de l'hygiène,

cette guérison est opérée par le seul concours des moyens hygiéniques.

La *Fièvre inflammatoire* n'est que la fièvre précédente aiguë, prolongée et activée par la surabondance des globules rouges du sang.

Cette fièvre, qu'on observe plus particulièrement dans la jeunesse, se termine vers le septième jour de son développement par une hémorrhagie ou par la saignée.

Lorsque cet état fébril se prolonge plus de sept jours, c'est qu'il est entretenu par une irritation générale typhoïde aiguë, c'est-à-dire déterminée par l'introduction dans la circulation d'un miasme de ce nom, ou qu'il est l'effet d'une inflammation ou irritation congestionnée.

La *Fièvre typhoïde* est une irritation générale de toutes les fonctions vitales du sang, déterminée par l'introduction dans la circulation d'un virus miasmatique, de nature animale qui, ordinairement la prolonge de vingt à quarante jours.

Cet état fébril, qui varie selon les individus, les temps, les lieux, a pour caractères prédominants la prostation , la stupeur (1) , le météarisme , le dévoiement, la température élevée.

Cette irritation générale fébrile prend la forme inflammatoire chez les jeunes gens hypérémiques; muqueuse, bilieuse, chez les lymphatiques ; ataxique chez les nerveux; adynamique chez les personnes affaiblies.

Ce sont particulièrement les irritations congestionnées, les altérations organiques déterminées par cette irritation générale prolongée qui en constituent la gravité.

L'état fébril typhoïde aigu prédispose aux inflammations du tissu cellulaire sous-cutané. Son état adynamique , qui est celui des personnes affaiblies ou lymphatiques, prédispose aux inflammations viscérales larvées , dont la guérison est d'autant plus difficile à opérer que ces irritations congestionnées, qui s'établissent plus particulièrement aux intestins , aux poumons , au cerveau , sont entretenues par la réaction fébrile que prolonge l'irritation générale typhoïde. C'est pourquoi il

(1) Ce qui indiquerait que ce virus tend à paralyser l'action électrique des globules du sang.

importe de les prévenir par un traitement judicieux appliqué au début de la maladie.

Le *traitement* de la fièvre typhoïde varie selon ses degrés, ses complications ou ses dispositions à produire des irritations congestionnées et des altérations organiques.

La saignée générale est indiquée au début de la fièvre typhoïde inflammatoire, c'est-à-dire aiguë particulièrement chez les jeunes gens sanguins.

Dix à quinze sangsues appliquées à l'estomac produisent une saignée locale, indiquée par l'irritation congestionnée aiguë de cet organe, non entretenue par l'hypérémie générale, qui toujours indique primitivement la saignée générale.

Les purgatifs sont indiqués au début de cette maladie lorsqu'il s'établit des manifestations humorales, muqueuses et bilieuses, non accompagnées de symptômes d'inflammation des voies digestives.

L'état fébril prononcé supprimant toutes les sécrétions, ils ne doivent plus alors être administrés.

Les révulsifs et les anti-périodiques sont administrés dans le cours des périodes adynamiques et ataxiques de cette fièvre.

Le sulfate de quinine, qui est le principal anti-périodique, effet qu'il ne produit qu'en entretenant l'activité des globules du sang et conséquemment de la circulation générale, doit être administré au commencement des états fébrils adynamiques, non seulement pour entretenir une réaction suffisante, mais plus particulièrement pour prévenir les congestions organiques toujours très graves.

Dans la grande majorité des cas, la fièvre typhoïde étant de nature subaiguë, les moyens empruntés à l'hygiène suffisent à leur guérison, c'est-à-dire à l'exportation ou à la destruction du virus typhoïde.

Ces moyens sont le repos sous une température douce et modérée que le lit procure mieux que tout autre moyen, un air pur et renouvelé, la diète absolue, les fomentations chaudes sur l'abdomen, assez étendues et volumineuses pour établir et entretenir dans le lit une chaleur humide qui aussi tend à déterminer le rétablissement des fonctions de la peau, supprimées par l'état fébril. Les lavements composés d'une décoction de capsules de pavots et d'amidon, constituent aussi un calmant de l'irritation intestinale.

Dans les états adynamiques et ataxiques de cette maladie, ces lavements doivent être composés d'une infusion de camomille unie à un peu de camphre par l'intermédiaire d'un jaune d'œuf.

La fièvre typhoïde étant une irritation générale miasmatique de toutes les fonctions de nutrition, c'est-à-dire chimiques du sang, les boissons essentiellement aqueuses, prises autant que les voies digestives peuvent en absorber, sont les principaux moyens de guérison de cette irritation miasmatique générale. Non seulement elles favorisent le rétablissement des secrétions par lequel prélude le rétablissement des autres fonctions de nutrition, mais encore l'eau introduite en grande quantité dans ces fonctions absorbe et divise le virus typhoïde qu'elle exporte par toutes les voies perspiratoires et secrétoires.

L'eau légèrement gommée, sucrée, acidulée, doit être prise fraîche pendant tout le temps que la fièvre typhoïde a un caractère aigu. Lorsque cette fièvre a un caractère adynamique ou chronique, les boissons aqueuses chargées modérément de principes amers et odorants, tels que procurent la camomille, les feuilles d'oranger, le tilleul, etc., et prises tièdes sont indiquées.

Les boissons nutritives telles que le bouillon, le lait de poule, le vin rouge, sont aussi indiquées contre ces états adynamiques, lorsque leur emploi n'augmente pas l'irritation gastro-intestinale et ne multiplie pas les mouvements fébrils. Lorsque, commençant par des doses modérées, le malade éprouve un bien-être *prolongé*, c'est que les fonctions de nutrition se rétablissent.

L'adynamie est la conséquence naturelle de tout état fébril prolongé. Les plus grands dangers de cette prolongation sont les lésions chroniques viscérales qu'elle a déterminées et qui la perpétuent. Les intestins, les poumons, sont les siéges les plus fréquents de ces lésions.

Les *Fièvres éruptives* sont aussi déterminées par l'introduction d'un virus miasmatique dans les fonctions de nutrition, dont ils développent l'irritation fébrile du deuxième au troisième jour de leur incubation.

Cette réaction générale détermine leur exportation à la peau, où ils développent les éruptions particulières qui les distinguent; telles sont la petite vérole, la rougeole, la scarlatine, etc. Les phases de développement, d'état, de déclin, ou résolution de ces irritations particulières de la peau, sont déterminées par cette réaction générale.

Leur traitement est dirigé par la connaissance de leurs périodes et complications.

Les soins hygiéniques suffisent le plus ordinairement pour faciliter le cours de ces maladies, à moins qu'il ne soit enrayé par une inflammation qu'on combat par les sangsues, etc., ou un état adynamique contre lequel on administre les boissons aromatiques et chaudes.

La *Fièvre hectique* ou lente continue est l'expression de l'abaissement ou plutôt de l'insuffisance prolongée des fonctions de nutrition, déterminée par des altérations organiques, des excès, des privations, des chagrins prolongés, etc.

Le traitement de cette maladie se confond dans celui des causes qui l'ont déterminée.

DES RÉACTIONS GÉNÉRALES
DE LA CIRCULATION NON CONTINUES, NOMMÉES
FIÈVRES INTERMITTENTES.

Ces réactions intermittentes n'ont pas leur source comme celles qui sont continues dans les lésions des fonctions chimiques du sang.

Elles sont les effets de prostration, ou colapsus intermittents de ces mêmes fonctions, déterminées par une insuffisance des propriétés magnétiques des globules rouges du sang, ou par une impression subite physique ou morale, qui suspend leur action sur les organes cérébraux.

L'insuffisance ou altération des propriétés magnétiques des globules du sang est l'effet de principes miasmatiques paludeins que, par induction, on pourrait comparer à l'acide cyanidrique. Les globules du sang, en partie paralysées par ce puissant narcotique, ne distribuant plus aux organes nerveux encéphaliques, la quantité de fluide électrique nécessaire à l'entretien normal des deux appareils électro-nerveux, celui de nutrition dont les besoins incessants prédominent, éprouve des moments de prostration, particulièrement dans la matinée, époque où les fonctions de relation intellectuelle ou sensoriale ont plus d'activité, conséquemment neutralisent une plus grande quantité d'innervation entretenue par les globules du sang.

Le mécanisme des fièvres intermittentes est le même que celui des fièvres continues, il ne différencie que par la promptitude de ses périodes de concentration viscérale de la circulation, qui produisent les tremblements et le développement de la râle et par celles de réaction et de déclin, dont le temps est proportionné à cette première qui, terme moyen, est de une heure.

Lorsque la concentration viscérale de la circulation qui constitue le début de la fièvre intermittente prédomine dans le cerveau, cette fièvre est alors caractérisée par la somnolence, l'altération des traits, l'irrégularité des stades, cette concentration y établit un désordre de la circulation, qui entretient la congestion de ce centre de la vie, laquelle est nommée pernicieuse, parce qu'elle est incurable au second ou au troisième accès, si on n'en prévient le retour par l'administration de sulfate de quinine à doses élevées.

Cette fièvre pernicieuse s'établit plus particulièrement dans la fièvre tierce.

Le traitement des fièvres intermittentes régulières varie selon les individus.

(1) Si la congestion cérébrale pernicieuse, considérée comme incurable, était convenablement combattue selon sa nature dynamique ou adynamique, par la saignée générale et les révulsifs intestinaux dans le premier cas, et dans le second cas par les révulsifs appliqués à la peau. Ces moyens, en déterminant le rétablissement de la circulation cérébrale, en faciliteraient la régularisation par le sulfate de quinine.

Lorsqu'une irritation simple ou congestionnée des intestins prédispose aux concentrations de la circulation, favorisées par l'action des miasmes paludéens, des sangsues appliquées à l'épigastre en préviennent souvent le retour, particulièrement au printemps lorsqu'elles ont un caractère aigu.

. C'est dans ces conditions accompagnées d'une pléthore générale qui obstrue les fonctions vitales du sang que la saignée est aussi indiquée.

Les vomi-purgatifs qui activent la circulation générale et les sécrétions gastro-intestinales sont indiqués pour déterminer les évacuations aqueuses et bilieuses, dont les manifestations humorales n'étaient pas déterminées par des irritations gastro-intestinales.

Les vomitifs administrés quelques heures avant le retour de l'accès fébril imprimant une grande activité à la circulation générale, préviennent quelquefois la prostration intermittente des fonctions de nutrition.

Le sulfate de quinine, administré dans l'intervalle des accès, est le remède le plus ordinairement préconisé pour en prévenir le retour.

Le quinquina, l'absinthe, la petite centaurée, ne produisent comme ce sel un effet stimulant, durable, qu'autant qu'ils sont administrés à doses élevées et réitérées, doses qui déterminent des irritations gastro-intestinales, lorsqu'elles ne sont pas encore produites par les colapsus ou concentrations multipliées de la circulation qui constituent la première stade de la fièvre intermittente, et qui sont aussi des causes déterminantes de l'irritation du foie, de la rate, et de leur congestion.

On doit attribuer à des irritations chroniques développées dans les fonctions de nutrition, entretenant l'appauvrissement des globules du sang, la difficulté de guérison de certains fébricitants.

Dans ce cas; qui est le plus fréquent, on en opère la guérison en prenant chaque jour quelques grammes en plusieurs doses de bicarbonate de soude et de magnésie contenant un peu de fer réduit, ou de ce sulfate de métal, devenu sous-carbonate par cette combinaison.

Après quelques jours de l'emploi de ce médicament, secondé d'un régime diététique convenable, si la fièvre n'est pas guérie, les anti-périodiques ont plus de succès.

Les considérations précitées m'ont déterminé à composer une combinaison saline ferrugineuse et stimulante qui, chaque fois que je l'ai administré, a prévenu le retour des accès sans avoir recours aux anti-périodiques connus.

Ne doit-on pas attribuer à des irritations fébriles continues et peu appréciables qui entretiennent une activité artificielle de la circulation, les accès fébrils à périodes les plus éloignées.

Les *choléras* sont comme les fièvres intermittentes, des effets plus ou moins complets de la prostration des fonctions vitales du sang, déterminés par des états individuels ou atmosphériques particuliers, ou par un virus miasmatique introduit dans la circulation, tendant à paralyser les propriétés essentiellement vitales des globules du sang, ce que produit plus particulièrement le virus cholérique asiatique.

La *cholérine* est le choléra benin ou léger, déterminé par des variations et élévations de température qui, tout en abaissant les propriétés électro-magnétiques de l'air inspiré, font varier les fonctions de la peau, et, conséquemment, favorisent des concentrations momentanées de la circulation qui produisent des selles, des vomissements, des crampes, des prostrations, des maux de tête et le refroidissement.

Traitement. — Aussitôt que se déclare cette maladie, on place le malade dans un lit préalablement chauffé ; on administre de petits lavements froids et calmants pour modérer le dévoiement, et des boissons aromatiques tièdes, telles que celles de thé vert, de feuilles d'oranger, pour déterminer une réaction, comme on le fait dans la première stade de la fièvre intermittente. On joint un peu de vin à cette boisson sucrée ; on pose des sinapismes aux pieds ; on frictionne les membres lorsque la réaction s'établit difficilement chez les personnes affaiblies.

Les choléras prononcés et asiastiques qui se manifestent par des douleurs d'estomac, des intestins, des crampes plus prononcées que dans la cholérine ; les vomissements sont aussi plus muqueux et bilieux, et les selles plus abondantes et plus séreuses. La lividité, la cyanose, le refroidissement plus prononcé sont les effets naturels de l'abaissement des fonctions vitales du sang.

La plus grave qui entretient l'adynamie de toutes les autres, est l'abaissemnnt de l'innervation cérébrale qui produit la contraction des muscles de la face, des yeux, de la respiration et qui entretient l'asphyxie.

Traitement. — On combat les prostations plus ou moins adynamiques et miasmatiques de la circulation , selon leurs degrés et symptômes prédominants.

Quand l'asphyxie est prononcée, la chaleur du lit ne suffit pas , pour rétablir la circulation à la périphérie. On frictionne alors les membres , on applique des sinapismes aux pieds, on administre l'ipécacuana pour développer la réaction générale et multiplier les vomissements qui ont pour effets de diminuer la fréquence des selles, lesquelles non seulement privent le sang des principes aqueux et albuminoïdes, mais évacuent aussi les courants nerveux ganglionnaires concentrés et développés par la prostration des fonctions de nutrition. C'est pourquoi on seconde immédiatement son administration par celui de petits lavements froids et calmants.

Lorsque ces moyens sont insuffisants pour déterminer la réaction générale , on administre la limonade vineuse chaude, et dans les intervalles, de petits morceaux de glace, lorsqu'une soif aiguë indique que l'estomac est le siége d'une réaction exagérée, qui, modérée par les réfrigérants, concentre moins les courants nerveux ganglionnaires, et facilite leur retour dans toutes les fonctions par la réaction générale.

Lorsque ces moyens sont encore impuissants

pour déterminer la réaction, l'on peut avoir recours à l'électricité.

Chez les hypérémiques, la saignée est souvent utile pour régulariser la réaction et quelquefois pour en faciliter le dévelopement.

Je n'expose cet aperçu incomplet du traitement du choléra que comme synthétique de ce qui a été dit sur sa nature et ses effets.

Ce sont ces connaissances qui dirigent l'emploi des moyens et agents qui entretiennent une résistance à l'influence paralysante des fonctions vitales du sang, opérée par les miasmes cholériques et par la peur. La peur, en effet, en concentrant la circulation, prédispose à la prostation, qui constitue le début du choléra.

C'est pourquoi la confiance, la bonne santé, fruit d'un régime simple et régulier, la respiration d'un air pur, l'exercice qui, entretenant une activité suffisante des fonctions vitales du sang, sont les principaux moyens préservatifs de cette maladie.

On croit vulgairement qu'il faut dans ces circonstances faire un usage abondant d'aliments charnus et de boissons stimulantes; si leur quantité surpasse les besoins de l'économie, ils déterminent au contraire un dérangement des fonctions digestives, qui est la cause la plus déterminante de l'invasion de cette maladie.

Lorsqu'on respire des principes odorants et alcooliques ou qu'on en frictionne la peau, on stimule les nerfs cérébraux et conséquemment l'on entretient l'activité de la circulation, qui constitue la résistance générale.

Les *scrophules* sont les effets d'un abaissement et d'une altération générale des fonctions de nutrition, déterminant souvent des altérations organiques et le plus constamment un développement du système lymphatique, expression de l'adynamie des systèmes absorbants, conséquemment de la circulation et des fonctions de nutrition.

Traitement. — L'exercice sous un air pur et renouvelé, l'action directe de la lumière, les boissons amères, les aliments consistant en produits frais des végétaux, tels que les chicoracés, l'oseille, la laitue, le cresson, les viandes fraîches, un peu de bière ou de vin, deux cuillerées par jour du sirop d'iodure de fer, sont les principaux moyens de guérison, et ils doivent être d'autant plus longtemps continués que cette maladie est entretenue par un principe virulent ou acquis.

Les solutions d'iodure de fer appliquées en topiques sur les ulcérations scrophuleuses m'ont toujours procuré d'heureux résultats.

La *syphilis* est aussi une viciation particulière des fonctions de nutrition, acquise ou congéniale.

Le *cancer* qui se manifeste par des produits anormaux et des altérations organiques variées, qui ne permettent pas à la circulation d'y distribuer des agents médicamenteux, et conséquemment de les modifier, sont l'effet d'un principe virulent particulier développé dans l'économie, qui vicie plus particulièrement les fonctions assimilatrices de certain organe ou tissu.

Le remède spécifique de la diathèse ou cachexie cancéreuse est inconnu.

DES MALADIES
DES ORGANES ET CORDONS NERVEUX

qui sont les instruments de la vie sensoriale ou de relation,
dont le cerveau est le centre.

Ces maladies, comme celles de la vie de nutrition, ont toujours pour base des dispositions matérielles anormales plus ou moins appréciables
déviant ou interceptant les courants ou états nerveux différents qui en entretiennent les fonctions
en se neutralisant; qui, réagissant contre ces
dispositions anormales des tissus et organes
nerveux sensoriaux pour les rétablir dans leurs
rhythomes normaux, constituent une réaction douloureuse plus légitimement nommée irritation que
celle qui est développée dans les fonctions de
nutrition, et qui, insensible, est la source de toutes
les maladies de la vie matérielle.

Les organes et cordons nerveux cérébraux
n'étant pas le siége de fonctions de nutrition,
dont les lésions sont les causes déterminantes des

fièvres, leurs maladies ne sont pas fébriles. Quand ce dernier état les accompagne, il a sa source dans les tissus qui environnent ces organe est cordons nerveux ou autres de la vie matérielle.

Cependant, les maladies essentiellement nerveuses sont modifiées par les divers états de la circulation qui en entretient l'innervation ; c'est pourquoi on modifie ces divers états pour seconder les moyens et agents préconisés à leurs guérisons.

Les désordres fonctionnels des principes immatériels électro-nerveux et des principes matériels nerveux qui constituent les maladies, sont déterminés ordinairement comme ceux de la vie matérielle, par des changements brusques de température, ou toute impression physique et morale exagérée. Ils sont divisés comme ces dernières en locales ou primitives, et en secondaires, c'est-à-dire déterminés par les primitives.

On distingue les maladies nerveuses ou névropathies, en névroses, en névralgies, en rhumatismes.

La *névrose* sert à exprimer la perturbation fonctionnelle des organes nerveux.

La *névralgie* exprime la douleur déterminée par une irritation développée sur le trajet ou à la terminaison des nerfs percepteurs et distributeurs des sensations organiques.

Le *rhumatisme* exprime l'irritation des nerfs qui s'unissent aux tissus fibreux et musculeux pour en entretenir les mouvements particuliers. Cette réaction est d'autant plus douloureuse qu'elle repose sur des nerfs cérébraux.

Le traitement de toutes les maladies essentiellement nerveuses, c'est-à-dire des organes de la vie de relation, varie plus particulièrement selon : 1º qu'elles sont déterminées par celles des organes de la vie de nutrition , c'est-à-dire qu'elles n'en sont que les effets secondaires ; 2º selon que ces dernières n'en sont qu'une complication ; selon qu'elles sont seulement idiopathiques ou nerveuses ; 3º selon leurs degrés de réaction.

1º On combat les effets otaxiques ou désordres nerveux cérébraux en guérissant les maladies des tissus qui enveloppent les organes nerveux, lorsqu'elles en sont les seules causes opérées par leurs réactions ou leur compression.

Les réactions développées dans les organes éloignés, tels que l'estomac, etc., peuvent aussi, par leur prompt développement, déterminer une réaction cérébrale désordonnée ou ataxique.

Les réactions du tissu nevrilème peuvent aussi seules déterminer les maladies des cordons nerveux qu'il protège, et dont le traitement opère aussi leur guérison.

2° Lorsqu'une irritation simple ou congestionnée qui sont les seules réactions développées dans les organes où s'élaborent les fonctions vitales du sang, sont accompagnées de réactions développées par des lésions nerveuses, on les traite simultanément.

3° Le traitement des maladies purement nerveuses repose comme celui des maladies en général, sur l'emploi des moyens ou agents ayant une action dynamique ou tonique, tels que le sulfate de quinine, la valériane, le camphre, l'électricité, les distractions, l'exercice, et tout ce qui peut entretenir et activer les fonctions de nutrition, dont l'abaissement prédispose à ces maladies ou s'oppose à leur guérison. C'est pourquoi les ferrugineux sont préférables aux autres sels et oxides métalliques administrés dans ces maladies.

Les tissus nerveux qui sont toujours plus ou moins ramollis ou altérés, quoique n'étant pas réparés par la circulation dont ils ne sont pas pénétrés, sont cependant avantageusement modifiés par l'usage de l'iodure de fer, tonique modificateur, et l'exercice corporel.

Ces traitements s'appliquent plus particulièrement aux maladies chroniques ou adynamiques des organes nerveux.

4º Les maladies nerveuses primitives ou symptômatiques, entretenues par des réactions aiguës, sont traitées comme celles de la vie de nutrition de ce degré, par des boissons aqueuses simples, prises fraîches et abondamment, les bains tièdes ou frais, les sangsues ou la saignée modérée, appliquées sur une région où elles puissent opérer un diverticulum de la circulation des tissus de la vie matérielle qui sont en relation avec les organes nerveux.

Les narcotiques ou stupéfiants, médicaments

paralysants ou poisons, administrés à doses modérées secondent avantageusement le traitement des maladies nerveuses aiguës.

L'analyse des faits morbides particuliers et généraux précités, étant dirigée par la connaissance des fonctions vitales du sang dont nous avons admiré le mode d'opération à l'embouchure des terminaisons artério-veineuses capillaires, avec les organes qui en sont les instruments, s'applique à la connaissance et au traitement des maladies particulières, trop nombreuses pour qu'il puisse en être parlé dans cet abrégé.

Les maladies particulières, c'est-à-dire des diverses lésions organiques fonctionnelles ou matérielles peuvent être classées pour leur connaissance et leur traitement d'après la nature de leurs fonctions.

On comprend facilement que les irritations des voies digestives sont les maladies les plus fréquentes, surtout à l'état chronique. Comme elles peuvent être déterminées par la perturbation d'une ou de plusieurs fonctions de l'économie, les causes éloignées les déterminent plus fréquemment que les causes locales.

Le mot *gastrite* est celui qui, pour le vulgaire, exprime toutes les lésions chroniques de l'estomac et des intestins. Sur ce dernier rapport, l'erreur n'est jamais complète, car les fonctions de l'estomac et des intestins étant entretenues par le même mécanisme, leurs lésions particulières ne peuvent se prolonger sans se partager. L'essentiel est d'en distinguer la nature, le choix de leur traitement. Ce dernier varie essentiellement, selon que les irritations gastro-intestinales sont simples ou congestionnées. Dans ce dernier cas, lorsqu'elles sont plus ou moins aiguës, les sangsues sont primitivement indiquées. Lorsque cette lésion de la circulation existe à l'estomac, on la distingue à la sensibilité qu'y développe la pression à l'épigastre.

Lorsque la gastrite chronique n'est que l'expression d'une irritation de l'estomac sans complication, déterminée par des aliments ou des boissons indigestes ou irritantes ou stimulantes prises trop abondamment et trop fréquemment, la diète et le régime suffisent pour en opérer en peu de jours la guérison. C'est aussi ce qui est le plus ordinairement pratiqué lorsqu'on n'a pas recours aux purgatifs pour combattre l'état muqueux ou humoral que cette irritation a déterminé, et qui l'aggravent le plus ordinairement.

Lorsque les irritations gastro-intestinales non fébriles, simples et non aiguës, se perpétuent, quoique l'on aie fait un usage abondant de boissons peu chargées de principes adoucissants et de la diète, on en détermine le triomphe et la résolution de l'altération organique modérée qui en entretient la résistance, par l'administration à doses faibles et rétirées de bicarbonate de soude et de magnésie, qu'on unit au sirop de pavot, lorsque les voies digestives sont aussi le siége de névralgies.

Les stimulants des secrétions digestives précités administrés à doses faibles et réitérées concourant avec elles à la digestion ne produisent d'effets évacuatifs que ceux déterminés par le rétablissement normal des secrétions digestives et intestinales, conséquemment combattent la constipation entretenue par leur insuffisance.

Ces deux médicaments agissant aussi comme modificateurs des secrétions surabondantes produites par l'irritation du colon exprimées par le dévoiement, ils en déterminent souvent la guérison.

Les élaborations digestives incomplètes, étant souvent une cause de continuation du dévoiement, ces médicaments convenablement administrés, secondés par le régime produisant une élaboration plus complète du peu d'aliments dont on doit alors faire usage; par ce moyen, ils cessent d'être une cause principale de sa continuation qui concourre à sa guérison.

Lorsqu'on administre contre les irritations gastro-intestinales des stimulants de nature astringente, nommés vulgairement toniques : tels que les amers plus ou moins odorants qui altèrent les secrétions digestives, ou qu'on fait usage d'aliments en plus grande quantité que la faim et les organes lésés n'en peuvent élaborer, on agrave ces irritations.

Il n'est pas étonnant que l'irritation patholologique de l'estomac stimule la faim, l'analyse de cette impression physiologique nous a démontré que l'ocolement, son mécanisme, était le même. Ce qui démontre encore les funestes effets des stimulants qui agravent cette irritation morbide qui n'est exprimée que par l'appétit sans faim dont la satisfaction est toujours nuisible.

DES IRRITATIONS DE LA PEAU.

Les diverses irritations dont sont le siége les
nombreux organes qui constituent la peau, sont
traitées comme celles des voies digestives, selon
leurs causes locales ou générales et selon leurs
complications et degrés de réaction.

Les *dartres* étant rarement fébriles, on les
traite souvent par des médicaments à doses élevées,
les considérant comme des irritations chroniques.
Le plus grand nombre des dartres, surtout à leur
début, ayant un caractère aigu, cèdent souvent à
l'emploi des lotions et des bains simples ou émol-
liens, et l'usage de boissons simples, c'est-à-dire
essentiellement aqueuses.

Les dartres qui ne peuvent être guéries par les
moyens préconisés contre les irritations simples,
sont souvent liées à des états particuliers de l'économie qu'il faut modifier, on les traite par des

médicaments altérants particuliers qui varient selon les organes de la peau, irrités et leurs complications.

L'iodure de soufre est le stimulant modificateur le plus favorable au rétablissement des fonctions normales de la peau, dont les lésions sont exprimées par des irritations humorales.

Les maladies de la peau comme celles des voies digestives sont souvent aggravés lorsqu'on les traite localement par des médicaments à doses élevées, qui, par leur stimulation exagérée, devient davantage les dispositions matérielles et immatérielles anormales, dont la réaction a pour but le rétablissement dans leurs fonctions normales.

La thérapeutique va analyser comment les médicaments, par leurs doses et applications différentes, produisent des effets différents, dont la connaissance des états pathologiques dirige l'emploi.

THÉRAPEUTIQUE

THÉRAPEUTIQUE MÉDICALE

NOTIONS GÉNÉRALES

sur le traitement des maladies

et

CLASSIFICATION DES MÉDICAMENTS

Le traitement des maladies a pour objet l'application des moyens et agents indiqués par leur connaissance pour déterminer le triomphe des réactions qui les constituent essentiellement.

Ce triomphe, qui en opère la guérison, est l'expression du rétablissement des fonctions vitales du sang, nommé vaguement triomphe des efforts conservateurs de la nature, et par abréviation : *natura curat.*

Les moyens et agents préconisés au traitement des maladies, sont fournis par l'hygiène, la pharmacie et la chirurgie.

L'*Hygiène*, qui traite des moyens de conserver la santé, c'est-à-dire d'entretenir l'harmonie des mouvements et fonctions organiques qui concourent à l'entretien de la vie, suffit souvent à son rétablissement ; lorsque cette harmonie est dérangée ou lésée par les seules infractions à ses lois, qui sont les causes les plus fréquentes des maladies; lorsque ce dérangement est à son début, c'est-à-dire lorsque les principes matériels ou immatériels qui entretiennent les mouvements et fonctions organiques ne sont pas assez déviés de leurs rhythmes normaux et altérés pour qu'une lutte ou réaction prolongée soit nécessaire pour les rétablir dans leurs relations normales.

C'est dans ce dernier état, qui constitue l'indisposition, que son développement ou maladie est prévenue par une prompte application des moyens fournis par l'hygiène.

Lorsque les moyens hygiéniques sont insuffisants pour déterminer la guérison des maladies, ils sont encore les auxiliaires indispensables des moyens et agents préconisés à leur traitement.

Les moyens fournis par l'hygiène sont plus particulièrement l'éloignement des causes, le repos, la diète, qui doit être d'autant plus complète qu'il y a imminence de développement d'irritation gastro-intestinale, ou d'état fébril plus ou moins aigu.

En parlant des irritations qui sont les sources

des maladies, dont la fièvre continue n'est que le symptôme général de celles développées dans les fonctions de nutrition ; il a été démontré comment les boissons et applications aqueuses sont les principaux agents préconisés à leurs guérisons.

Le triomphe des irritations aigues est favorisé par l'usage abondant des boissons ne contenant que très peu de principes gommeux, sucrés, acides ou salins prises fraîches.

Ces boissons doivent être prises tièdes et chargées modérément de principes amers et aromatiques, lorsque les irritations contre lesquelles on les administre sont de nature adynamique ou chronique.

La température régulière que le lit procure mieux que tout autre moyen, est le meilleur auxiliaire des boissons et applications aqueuses. Elle concourt avec elles au rétablissement des fonctions de la peau, dont le dérangement est la source du plus grand nombre des maladies.

Les maladies *continues* ou lésions des fonctions vitales du sang, ayant pour base *une insuffisance d'activité matérielle des organes qui en sont les instruments*, leur traitement doit tou-

jours avoir pour effet une action dynamique, c'est-
a-dire motrice ou stimulante.

Les moyens et médicaments préconisés à leur
traitement doivent varier selon que cette insuffisance d'activité matérielle est inhérente ou
essentielle , ou qu'elle n'est que dominée par la
surabondance des solides du sang, plus particulièrement de ses globules rouges, état hypérémique
dont les divers symptômes ont été exposés en
parlant des maladies aiguës. Dans ce dernier cas,
la saignée devient un moyen dynamique. Dans le
premier cas, l'activité matérielle, c'est-à-dire des
mouvements et fonctions organiques, ne peut être
rétablie que par des moyens et médicaments à
action dynamique.

On qualifie du mot stimulant les effets dynamiques que les moyens et médicaments doivent
déterminer pour concourir au rétablissement du
mécanisme de la vie. C'est pourquoi on divise ces
médicaments en stimulants généraux et en stimulants spéciaux.

Les *stimulants généraux* sont ceux qui, administrés à doses plus ou moins élevées, activent

et multiplient la fréquence des mouvements cardio-artériels ou injectants généraux, tels sont : les alcooliques, les aromatiques, les éthers, les substances sapides, odorantes, etc.

Le choix des médicaments stimulants est déterminé par la connaissance de leurs effets à l'état de santé.

Pour qu'ils puissent produire ces effets par leur application dans les maladies, il faut que la connaissance des états particuliers de celles-ci indique comment ils rétablissent dans leurs rhythmes normaux les états organiques anormaux qui en sont la base; car si les médicaments n'avaient pas une action en harmonie avec les états particuliers de la réaction dont elle a pour but de déterminer le triomphe, ils ne feraient qu'aggraver cette lutte.

Les *stimulants spéciaux* sont les médicaments qui, administrés à faibles doses, pénètrent dans la circulation sans l'impressionner sensiblement et sont distribués aux fonctions vitales du sang, dont ils sont les stimulants physiologiques, afin de les rétablir dans ces états naturels sur lesquels s'exercent leurs propriétés particulières.

Les stimulants secréteurs sont particulièrement

les sels, les principes acres et aromatiques des végétaux, dont le choix est opéré selon la secré- tion dont on veut déterminer le rétablissement, secrétions dont ils deviennent souvent un des élé- ments constituants.

C'est pourquoi l'urée et tous les sels neutres opèrent comme diurétiques; que l'action sudori- fique est déterminée par l'acide acétique uni à une infusion aromatique prise chaude, et que l'a- cétate d'ammoniaque est le stimulant de ces deux secrétions.

Les *Purgatifs* sont les stimulants secréteurs et évacuateurs des voies digestives, et plus parti- culièrement des intestins.

Ces effets sont produits par l'accumulation des courants nerveux ganglionnaires sur ces organes, accumulation qui détermine la diminution de ceux distribués aux nerfs sympathiques de l'estomac pour entretenir l'activité de la circulation géné- rale; c'est pourquoi ils en produisent l'abaisse- ment.

Les superpurgatifs ou vomitifs sont les stimu- lants des secrétions digestives et des contractions expulsives de l'estomac, dont l'impression, perçue par les nerfs moyens-sympathiques, détermine la fréquence et la suractivité de la circulation générale.

Voilà pourquoi ces médications sont employées simultanément, afin de maintenir l'équilibre de la circulation, ou séparément pour la modifier ou produire des effets humoraux particuliers.

Les stimulants altérants, nommés aussi dépuratifs, fondants, sont en général des agents chimiques, des médicaments actifs administrés pour modifier les fonctions chimiques du sang par leur usage modéré et prolongé. Il faut que ces dernières conditions soient dirigées de manière à ne pas développer une irritation toxique des fonctions de nutrition.

Ces médicaments, les plus usités, sont les iodures et chlorures de mercure, l'iodure de potassium ioduré, qui modifient plus particulièrement les fonctions assimilatrices et activent l'absorption, méritent plus particulièrement le nom de fondants. Comme tous les sels alcalins, l'iodure de potassium active et modifie les sécrétions ; l'iodure de fer, activant les fonctions de nutrition, est aussi réparateur qu'altérant.

Les eaux minérales produisent des effets altérants modérés, les sucs d'herbes fournis par les chicoracées, le cresson, le cerfeuil, l'oseille, etc., sont des eaux végéto-minérales qui leur suppléent avantageusement.

L'usage modéré des amers et de certains principes extracto-résineux des végétaux, comme celui du guoyac, seconde avantageusement l'usage des altérants minéraux.

Les stimulants toniques les plus usités sont les quinquinas, les gentianées, les chicoracées, les thés, la camomille romaine, l'absinthe, les feuilles et fleurs d'oranger, les écorces de son fruit, les produits de la fermentation, tels que les vins rouges, la bière brune, etc., chargés modérément de principes alcooliques et colorants en quantités proportionnées, afin que l'action expansive du premier ne prédomine que modérément sur l'action contractive des seconds ; les aliments sapides et azotés, etc.

Ces substances ne deviennent toniques qu'autant que leur usage modéré est secondé par l'harmonie des fonctions de nutrition qui entretiennent les forces de l'économie. Lorsque leurs lésions chroniques ont déterminé et entretiennent l'affaiblissement, on ne peut en faire usage qu'en quantités proportionnées aux progrès de leur rétablissement ou guérison, en consultant pour cela la faim et non l'appétit seulement.

Les stimulants toniques n'opèrent le rétablissement des fonctions de nutrition qui entretiennent les forces de l'économie qu'autant que leurs lésions sont guéries. L'eau, la diète, la saignée, deviennent des toniques lorsqu'ils déterminent le triomphe de leurs réactions ou guérisons.

Ces derniers moyens, dits débilitants, justifient ce principe que toute médication doit avoir pour but une action dynamique, c'est-à-dire tonique.

Les stimulants astringents sont les médicaments qui, comme le tannin et les végétaux qui le contiennent, les acides, les oxides de la plupart des métaux; l'alun, l'acétate de plomb déterminent des contractions organiques qui les préconisent contre les hémorrhagies et les supersecrétions adynamiques.

Les stimulants spécifiques sont ceux dont l'action élective est la plus constante, tels sont : le sulfate de quinine, dont l'action stimulante s'exerce plus particulièrement sur les globules du sang, et conséquemment sur les deux appareils nerveux, la strychnine, qui agit plus parfaitement sur la moelle épinière.

Le fer devient le stimulant et l'aliment des globules du sang, lorsque celles-ci en contiennent insuffisamment.

L'*Électricité* est le stimulant immatériel que procure sous deux états d'effets différents les réactions chimiques, les aimants, etc.

Ce fluide moteur n'est préconisé qu'au traitement des maladies adynamiques des organes de la vie de relation. La réaction que les courants de ce fluide ont pour but de développer ou d'augmenter, ne ferait qu'aggraver les altérations matérielles.

Il est souvent difficile d'appliquer à l'origine et à la terminaison des nerfs cérébraux les deux conducteurs métalliques des courants électriques pour stimuler la réaction naturelle, c'est-à-dire distribuée par l'économie.

L'application de l'électricité contre les états nerveux purement adynamiques qui, seuls, la préconisent, doit être progressive et modérée, pour ne pas développer une lésion matérielle du tissu nerveux. Les courants nerveux interrompus ne conviennent que pour réveiller les états adynamiques absolus.

Si l'électricité obtenue artificiellement pouvait être distribuée au système nerveux ganglionnaire, il serait nuisible ou impuissant pour réparer les altérations organiques qui entretiennent les maladies chroniques.

Ces altérations ne peuvent être réparées que par la circulation qui leur procure une réaction proportionnée à leur résistance, et aux éléments matériels qu'elle leur distribue pour les modifier et les rétablir.

Ces appréciations disent suffisamment combien l'on doit accorder peu de confiance à ceux qui en font une panacée.

Ce qui vient d'être dit de l'électricité s'applique aussi à l'hydrothérapie ; administré brusquement pour déterminer des mouvements de concentration et de réaction de la circulation, et aux médicaments actifs administrés à doses élevées pour exagérer ou abaisser fortement la circulation générale.

Le *Calorique*, appliqué graduellement, surtout par le frottement, détermine simultanément un développement de l'électricité et une dilatation des solides, qui favorise leur rétablissement dans leurs relations fonctionnelles ; il supplée le plus ordinairement à l'application de l'électricité.

Pour que l'on soit plus pénétré que les maladies sont des lésions adynamiques essentielles ou symptomatiques des divers mouvements organiques qui président à l'entretien de la vie, je n'ai parlé que des actions stimulantes qui toujours doivent présider à leur rétablissement.

Cependant, l'art médical qui dirige ces actions, la seconde en certains cas, et particulièrement dans les suivants par l'emploi de médicaments anti-stimulants, nommés narcotiques.

Lorsque les médicaments stimulants préconisés dans le but de rétablir les mouvements et fonctions organiques, sont distribués sur des surfaces où s'épanouissent des nerfs sensibles ou cérébraux, souvent ils développeraient et activeraient leur réaction locale ou éloignée, qui s'opposerait à leur action, si on n'émoussait leur sensibilité par l'emploi de médicaments anesthésiques ou paralysants.

Ces médicaments, nommés narcotiques stupéfiants, calmants, étant des poisons, à doses élevées, doivent être administrés à doses d'autant plus faibles que les individus sont plus jeunes ou plus affaiblis.

Ce n'est que dans des états morbides particuliers qui s'opposent à leur absorption, et dont il sera bientôt parlé, que ces médicaments sont administrés à doses élevées.

Les *médicaments* narcotiques le plus souvent préconisés sont les pavots, les opiacés, la belladone, la digitale, etc.

Les *pavots* et les *opiacés* sont administrés comme calmants généraux, et pour provoquer le sommeil lorsque l'insomnie n'est pas l'effet de causes adynamiques, telles que la convalescence, la faiblesse, la vieillesse, etc.

La *belladone* est le plus ordinairement appliquée pour émousser la sensibilité des nerfs cérébraux externes, et déterminer des dilatations musculaires ou fibreuses, favorables au traitement de certaines opérations chirurgicales. On l'administre aussi contre les névroses et spasmes des organes de la respiration, de nature dynamique ou sthénique.

La *Digitale* est administrée pour émousser la sensibilité des nerfs moyens-sympathiques, lorsqu'ils entretiennent une trop grande fréquence et activité des mouvements injectants cardio-artériels, c'est-à-dire de la circulation générale, ou lorsque leur réaction entretient des palpitations de nature dynamique.

Dans le premier cas, on la préconise pour modérer ou suspendre les réactions fébriles aiguës ; contre les hydropisies entretenues par cette réaction injectante, et par ce moyen, favoriser l'action des moyens ou médicaments préconisés à leur traitement.

La digitale comme les autres narcotiques, ne produisant que des effets adynamiques, il serait dangereux de la préconiser comme le quiquina, du cœur ou des organes de la respiration, lorsque leurs lésions sont de nature adynamique.

Les *narcotiques* doivent être rarement administrés dans les maladies chroniques, dont ils augmentent l'impuissance de la réaction.

Ce n'est que pour abaisser les réactions aiguës que les Anglais en font usage à doses élevées. Ils administrent aussi dans ces mêmes conditions, comme contro-stimulants, le calomel à doses élevées.

Les médicaments stimulants, administrés à faibles doses, ne déterminent le rétablissement des fonctions vitales du sang, qu'autant que la circulation qui les entretient n'est pas lésée.

Lorsque cette lésion les complique, comme on

l'observe le plus ordinairement dans l'inflammation, les médicaments stimulants à doses élevées sont indiqués pour déterminer simultanément le rétablissement de la circulation et de la fonction vitale qu'elle congestionne.

L'application des médicaments stimulants à doses élevées, ayant pour but de déterminer la guérison des lésions vitales de la circulation, varie selon leur nature dynamique ou adynamique ; ces effets sont nommés *dérivatifs dans le premier cas, et transpositifs dans le second.*

On détermine la transposition d'une congestion viscérale adynamique, telle que celle du cerveau, des poumons, en appliquant dans le premier cas aux jambes, dans le second cas aux bras, des synapismes ou des vésicatoires, qui, par leur étendue et action, proportionnées à la congestion qu'ils doivent combattre, développent à la peau une irritation congestionnée, qui, dirigeant la circulation dans cette région, produit sa diminution dans l'organe profond primitivement congestionné. C'est ce qui y détermine le triomphe de la réaction, rendue plus active par l'irritation artificielle développée à la peau par cette application.

Les petits vésicatoires qu'on entretient au bras pour opérer la guérison des lésions chroniques des organes de la respiration, ne servent qu'à entretenir la réaction fébrile hectique qui les accompagne souvent.

Par la diète et l'application de grands synapismes aux bras, j'ai plusieurs fois déterminé la guérison, en peu de jours, de pneumonies chroniques qu'entretenaient un exutoire au bras, l'huile de foie de morue, une alimentation succulente, comme si cette huile, aliment combustible, ou les aliments azotés, pouvaient être digérés et courir à l'entretien des autres fonctions de nutrition, lorsque les principaux organes qui en sont les instruments sont matériellement lésés et le siége d'une réaction qui s'oppose à leur réparation.

L'expérience prouve journellement que l'iodure de fer est le meilleur curatif des irritations chroniques (non congestionnées).

La connaissance du mécanisme des fonctions de nutrition et de ses lésions, démontre combien est erronée cette opinion vulgaire que l'huile de morue est l'agent curatif de toutes les maladies chroniques.

Les succès que j'ai toujours obtenus de l'usage du sirop d'iodure de fer et de tolu contre les irritations chroniques des organes pectoraux, me font douter que l'émétique, aussi administré comme altérant, c'est-à-dire à dose de 10 centigrammes dans une potion pectorale prise en vingt-quatre heures, aurait plus de succès.

L'émétique à doses un peu plus élevées, de 20 à 30 centigrammes, uni à la digitale, pour ne pas impressionner les nerfs de l'estomac, est aussi administré en plusieurs fois, pour stimuler les intestins et abaisser par ce moyen la réaction générale fébrile. Lorsque son élévation, congestionnant les irritations pectorales, s'oppose à l'action des remèdes altérants, on cesse son administration sitôt que cet abaissement est opéré.

C'est particulièrement contre les inflammations subaiguës que l'émétique à doses plus élevées est administré pour abaisser l'action injectante fébrile et produire la révulsion dérivative interne, dont les effets sont différents de ceux de la médication révulsive externe, préconisée contre les états adynamiques.

Les émétiques trop vulgairement administrés comme expectorants, prédisposent aux congestions pulmonaires ou aggravent ces lésions vitales de la circulation, lorsqu'elles existent.

L'action révulsive intestinale, qui produit l'abaissement de la réaction générale, est nommée contro-stimulante.

Cette action, nommée aussi hyposthénisante cardio-injectante, est opérée par l'administration, à doses élevées et réitérées, des sels neutres alcalins, tels que le nitrate et sulfate de potasse et autres purgatifs, de l'émétique, qui, étant distribués abondamment sur les surfaces des intestins, dont les fonctions secrétoires, comme celles de toutes les autres fonctions de nutrition, sont suspendues par l'état fébril, y déterminent par leur stimulation une réaction expulsive active, cependant impuissante pour opérer des effets purgatifs. Cette réaction active ou abondante intestinale, est formée par l'accumulation des courants nerveux ganglionnaires, dont la stimulation intestinale a déterminé la diminution de ceux que ces centres électro-nerveux distribuent aux nerfs pneumo-gastriques de l'estomac, pour entretenir la réaction fébrile. C'est pourquoi cette révulsion intestinale, qui abaisse la réaction générale, est nommée contro-stimulante.

Cet abaissement diminuant l'action injectante

des organes qui sont le siége d'inflammations fébriles aiguës, facilite le triomphe de cette réaction.

C'est aussi en abaissant la circulation générale, que les purgatifs à doses élevées sont administrés pour suspendre les accès de goutte, de névroses, de névralgies aiguës.

Les purgatifs et émétiques administrés à doses très élevées ne sont tolérés que dans les états fébriles aigus. Leur administration doit cesser fait à fait que diminue cette réaction générale, car alors le rétablissement des secrétions étant déterminé par cette cessation, ces médicaments produiraient des effets purgatifs exagérés ou des irritations congestionnées des voies digestives.

La stimulation révulsive intestinale, ne pouvant être appliquée lorsque les voies digestives sont le siége d'inflammation, dans ce cas, on produit directement l'abaissement de la réaction générale par l'administration à doses élevées et réitérées de la digitale.

Ce narcotique, en émoussant la sensibilité des nerfs moyens-sympathiques, les soustrait à l'influence des courants électro-ganglionnaires développés à l'estomac, dont l'impression les détermine à multiplier les mouvements circulatoires, multiplication qui constitue la fièvre.

L'état fébril aigu , tolérant seul ce remède hyposthénisant , à doses élevées on en cesse l'administration sitôt que s'établit sensiblement le déclin de cette réaction générale.

Une ou deux cuillérées à café, d'une solution composée de eau 30 grammes, acétate de plomb 1 gramme, ingérées pendant les paroxysmes des états fébrils chroniques; cette solution, en émoussant la sensibilité des nerfs sympathiques de l'estomac, produit comme la digitale une action antifébrile qui s'observe immédiatement.

Lorsqu'une inflammation non fébrile est entretenue par une hypérémie plutôt locale que générale, on détermine le triomphe de sa réaction en diminuant la circulation injectante, c'est-à-dire artérielle qui entretient la congestion qui la domine.

Cette diminution est opérée par une circulation injectante plus abondante, déterminée dans un lieu plus ou moins éloigné, par une application de sangsues qui doivent produire une perte de sang d'autant plus abondante que la fonction vitale du sang lésée est plus congestionnée.

Ce diverticulum de la circulation n'a de succès contre les congestions locales hypérémiques qu'autant que cette hypérémie n'est pas générale. Dans ce cas, qui est le plus fréquent, leur application doit être précédé de la saignée générale. A moins que la congestion locale peu étendue ne soit pas sensiblement influencée par l'hypérémie générale.

L'état fébril entretenant la congestion locale, les sangsues n'ont de succès qu'autant qu'elles détruisent la cause locale de cette réaction générale, ou que celle-ci a été combattue par les moyens indiqués par la connaissance des causes qui l'ont déterminée.

Les synapismes suffisent souvent pour déterminer un diverticulum de la circulation qui rétablit la circulation dans les parties profondes modérément congestionnées.

Si toutes les applications de sangsues n'étaient faites que dans les conditions où on ne peut y suppléer par d'autres moyens, leur consommation diminuerait sensiblement.

Leur peu de succès se remarque plus particulièrement lorsque par leur emploi seul on veut combattre les inflammations aiguës des viscères parenchimateux, que préconisent plus particulièrement la saignée générale et les révulsifs.

Pour rétablir complètement les lésions vitales de la circulation, il ne suffit pas de distinguer dans quelles conditions les révulsifs doivent être préférés aux saignées, ou doivent s'appliquer simultanément, il faut que la fonction vitale qui entretient cette circulation soit aussi complètement rétablie.

Ces considérations sont visiblement appréciables lorsque l'on traite par des topiques de nature astringente des irritations chroniques congestionnées externes.

On n'obtient de succès qu'autant qu'ils sont unis à des principes stimulants déterminant le rétablissement des fonctions vitales du sang, dont la lésion entretient celle de la circulation.

Ce choix doit être déterminé par la connaissance de la nature de l'irritation chronique congestionnée.

L'irritation congestionnée chronique qui, produite par l'action du froid, porte le nom d'engelure, est rarement suffisamment guérie par l'application de topiques astringents et stimulants, si l'on a pas déterminé la résolution des altérations organiques plus ou moins appréciables, produites par la suspension locale des fonctions de nutrition déterminées par le froid.

L'iodure de fer est encore ici le principal stimulant modificateur de ces altérations.

Souvent l'on détermine la résolution des inflammations subaiguës et chroniques, locales et externes par des applications isolantes dont la composition doit être d'autant plus simple que ces réactions sont plus prononcées.

Les irritations congestionnées et superficielles, externes et subaiguës, non entretenues par l'injection fébrile, sont souvent guéries par l'application d'une solution épaisse de gomme, d'un corps gras ou de tout autre corps isolant ou neutre, c'est-à-dire sans action particulière, qui, ne permettant pas aux courants électro-réactionnaires de se dissiper dans l'air, les accumule et concentre sur leur résistance matérielle, dont ils déterminent le rétablissement, des mouvements et fonctions qui les neutralisent.

L'air, en effet, entretient l'irritation en absorbant ses éléments réactionnaires, conséquemment en faisant prédominer leur résistance. C'est ce qu'on nomme action irritante de l'air.

C'est par des applications isolantes, c'est-à-dire imperméables, telles que celles du taffetas gommé, superposé de ouate ou de flanelle, pour y entretenir la chaleur, qu'on concentre sur les lésions organiques externes ou modérément profondes, les réactions plus ou moins appréciables qu'elles ont développées et qu'on en détermine la résolution.

Pour que cette concentration détermine la résolution des altérations organiques, il faut que par des frictions ou autrement, la peau soit pénétrée des principes altérants ou chimiques que les courants électro-nerveux différents distribuent par leur concentration aux altérations organiques pour les rétablir et déterminer l'absorption de leurs principes hétérogènes.

Les succès que j'ai obtenus par ce mode de traitement m'ont persuadé que toutes les emplâtres, papiers et taffetas particuliers qui conservent à l'état solide leurs principes altérants ou chimiques doivent être remplacés par les applications précitées.

L'effet de tous ces topiques, conservant leur dureté, est à peu près identique, concentrant à la peau le calorique et les courants nerveux, ils y développent une irritation ou réaction révulsive.

La *Thérapeutique* qui démontre par quels moyens et agents elle détermine le mécanisme de la vie à se rétablir dans son rhythme et constitution normale, qui constitue la santé en dirigeant le triomphe de ses réactions, cette thérapeutique naturelle démontre simultanément tous les dangers des doctrines particulières qui ne peuvent, comme elle, se justifier par l'analyse des divers procédés par lesquels elles déterminent ce rétablissement.

L'homéopathie est la doctrine médicale particulière imaginée par un médecin allemand et posée par lui vers 1810 dans son organon de l'art de guérir.

Cette doctrine proscrit les saignées et l'emploi des médicaments à doses élevées, dont nous avons démontré la nécessité dans le traitement des lésions vitales de la circulation, qui sont les maladies les plus graves ; elle n'admet même pas que les irritations chroniques doivent être traitées par l'usage de médicaments à faibles doses, variant de quantité selon leur activité et les degrés de ces réactions adynamiques.

Dans le traitement des maladies aiguës, comme dans celui des maladies chroniques, l'homéopathie ne préconise souvent que des médicaments peu actifs, à doses impondérables, dont elle dit multiplier la puissance en les divisant à l'infini par leur union à des corps inertes, tels que le sucre, l'eau.

Le nom de cette doctrine est fondé sur les propriétés que son auteur attribue aux médicaments divisés indéfiniment et distribués par la circulation de déterminer dans les organes diversement lésés, des lésions imaginaires semblables qui déterminent les primitives ou naturelles à se rétablir dans leurs rhythmes et constitutions normales.

Ces démonstrations, où la réflexion seulement, prouvent que l'homéopathie est le produit de l'imagination.

Le *Parasitisme* est la doctrine imaginée par une personne sans titre ni connaissance médicale. Elle attribue les neuf dixièmes des maladies à l'introduction dans l'économie d'animaux parasites.

L'auteur de cette doctrine, comme celui de la

précédente, proscrit toujours l'application des saignées et des révulsifs dans le traitement des maladies, qui, comme les inflammations viscérales les
prescrivent plus particulièrement.

Il enseigne qu'il rétablit les fonctions et la circulation de ces viscères par l'application à la peau
d'une eau salée, camphrée et ammoniacale de sa
composition, à laquelle il donne le nom de sédative.

La théorie par laquelle cet auteur expose que
cette eau produit la guérison de ces graves maladies est tellement excentrique qu'elle devrait déterminer la répulsion des personnes les moins
sensées, et éclairer le public sur leurs dangers.

Les enseignements suivants ne sont pas moins
erronés :

Toutes les maladies fébriles sont, dit-il, guéries
par l'application à la peau de son eau sédative.
Ces lésions générales de la circulation, qui sont
l'expression de la suspension des fonctions de nutrition et de leur irritation, ne sont pas un obs-
tacle à l'usage des aliments, parce que, dit-il encore, l'homme malade a besoin de se nourrir
comme l'homme en santé.

Les enseignements propagés par son livre, inti-
tulé *Manuel de Santé*, constituent le parasitisme
le plus funeste à l'humanité.

L'*Électisme* est une méthode qui prend dans chaque opinion et doctrine médicale particulière ce qu'elle croit utile au traitement des maladies. Ce choix étant subordonné aux opinions et au savoir particulier, cette méthode ne cessera d'offrir des dangers qu'autant qu'elle sera dirigée par les connaissances naturelles, c'est-à-dire positives, de la manière dont les fonctions vitales du sang entretiennent les mouvements et fonctions organiques qui concourent à l'entretien de la vie, dont se constituent leurs lésions et dont les courants nervo-électriques différents qui entretiennent ces fonctions en déterminent le rétablissement, seuls ou par le concours de l'art médical, dirigé par ces connaissances, qui permettent de distinguer dans chaque doctrine particulière les théories qui ne sont pas naturelles, c'est-à-dire conformes aux procédés par lesquels la nature entretient les mouvements et fonctions organiques.

La *doctrine rasorienne* établit de la confusion dans la thérapeutique ; elle rejette nos appréciations sur les propriétés stimulantes ou dynamiques des médicaments purgatifs, toniques, etc., parce que lorsqu'ils sont administrés à doses élevées ils déterminent par leur contact, sur les intestins, une réaction dérivative ou hyposthénisante cardio-vasculaire, dont la théorie a été analysée, et qui est désignée sous le nom de controstimulante.

Cette doctrine attribue des propriétés stimulantes aux narcotiques, parce que administrés à doses faibles et réitérées, ils déterminent des irritations fébriles des fonctions de nutrition.

Elle rejette comme chimériques les effets révulsifs et iatro-chimiques des médicaments qui, cependant, sont ceux qui ont déterminé les effets précités.

Le *vitalisme* ne permet pas de placer toutes les causes des maladies, comme le font les solidistes dans l'altération des solides, ou comme le font les humoristes dans l'altération des liquides, ni dans les irritations gastro-intestinales qui, le plus ordinairement, ne sont que des causes secondaires.

Les intérêts de la science et de l'humanité ont seuls déterminé mes investigations particulières exposées dans ce travail, conçu et exécuté absolument solitairement. Si ce but est en partie atteint, j'en remercie Dieu qui m'y a dirigé, il déterminera le lecteur à être indulgent pour ses imperfections, *car sans unité de doctrine, l'humanité est exposée, l'art médical déconsidéré, le charlatanisme favorisé.*

Si le public avait plus de confiance à l'art médical le plus généralement professé, il serait plus reconnaissant envers ceux qui lui en font l'application.

Il ne serait plus la proie des charlatans, dont les insuccès constants devraient cependant l'éclairer. Mais il aime à entretenir la vogue des moyens surnaturels. C'est pourquoi on le voit encore accorder sa confiance aux impudents et insatiables uromanes qui le persuadent, que par la seule inspection des urines, ils peuvent distinguer tous les dérangements et altérations du mécanisme de la vie.

Ne pouvant combattre sans les avoir observés, les faits morbides ou maladies dont les états particuliers préconisent l'emploi de moyens ou médicaments différents. Combien sont coupables ceux qui, par intérêt, se chargent du traitement de maladies qu'ils ne peuvent voir, ou qui prônent que tels moyens ou médicaments satisfont à tous leurs états particuliers.

C'est encore à l'ignorance du public, quant à ce qui constitue le traitement des maladies, que s'entretient la vogue des conseils et médicaments qualifiés d'innocents.

Un moyen innocent ne pouvant présider au traitement d'une maladie, il en facilite les progrès, si elle n'est pas combattue par les moyens indiqués par sa connaissance.

Peut-on qualifier de conseils innocents, c'est-à-dire sans danger, les annonces multipliées par la presse, qui persuadent le public qu'il peut, sans l'avis du médecin, se traiter de ses maladies chroniques les plus fréquentes par l'emploi de telle ou telle substance, aliment, condiment telle que la semence de moutarde blanche.

Par l'usage de cette dernière médication stimulante intestinale, il se perpétue ou se développe dans ces organes une irritation chronique qui, souvent, y produit des altérations matérielles incurables.

Les intérêts de l'humanité et la dignité de l'art médical sont bien peu protégés quand chacun, par des livres ou des annonces, peut s'ériger en médecin et en pharmacien.

La *science sublime de la nature* à laquelle s'unit tout ce qui vient d'être démontré, nous fait admirer comment cette nature, par le concours de deux états et courants électriques d'actions ou effets différents qu'elle emprunte à l'air, elle entretient tous les mouvements et fonctions du mécanisme de la vie.

Cette science qui rend facile à tous la connaissance des maladies, permet aussi à tous de distinguer combien le triomphe des réations qui les constituent, entretenues par ces courants électro-nerveux, est difficile, lorsque leur base matérielle et leur résistance, sont altérées ou viciées.

En exposant le mécanisme de la fièvre, réaction générale de toutes fonctions vitales du sang, dont les nerfs moyens et grands sympathiques sont les principaux instruments, j'ai désigné ces premiers nerfs sous leurs divers noms, ce qui a pu jeter de la confusion dans l'esprit du lecteur qui ne les connaît pas.

La bonne intelligence du mécanisme de la fièvre, trop longtemps incompris, justifie mes investigations particulières sur les fonctions vitales du sang, investigations qui, aussi, justifient celles que j'ai faites sur le mécanisme , car plus les fonctions de nutrition sont suspendues, plus elles développent de courants nerveux électro-ganglionnaires, c'est-à-dire grand-sympathiques, à l'estomac, et plus leur impression transmise au cerveau par les nerfs moyens-sympathiques de **cet organe,** détermine ce centre l'innervation à multiplier ses courants nerveux aux rameaux des mêmes nerfs qui se distribuent aux organes de la circulation et de la respiration, qui, en multipliant leurs mouvements , lui procurent d'autant plus d'électricité, que le sang contient plus de gobules rouges. Dans ce cas', ce fluide, distribué plus abondamment aux fonctions de nutrition suspendues, pour en déterminer le rétablissement, n'étant pas neutralisées , entretiennent cette température anormale, élevée, exprimée en latin par le mot *februor*, et en français par le mot *fièvre*. Conséquemment, cette température est d'autant plus basse que le sang contient moins de globules ou que la respiration est moins active. Conséquemment la cessation de la vie plus en danger.

Lille. Imp. de Lefebvre-Ducrocq

APPENDICE

Les *opinions différentes* sur les indications de la saignée dont
les applications sont *funestes* ou *sauvent* selon qu'elles sont op-
portunes ou inopportunes, naissent de l'insufisance de connaissance de fonctions vitales du sang et de leurs états particuliers.

La connaissance de la lésion vitale de la circulation, et de
l'état pléthorique de cette dernière, est insuffisante pour déterminer les indications de la saignée, si elle n'est pas secondée,
par la connaissance des propriétés vitales du sang et de ses
fonctions cérébrales et respiratoires Car quoique les états ady-
miques essentiels de la circulation proscrivent la saignée dans
certains cas de cette nature, son application très-modérée est
indispensable pour imprimer un mouvement à la circulation
suffisant pour rétablir ses fonctions cérébrales et respiratoires,
Conséquemment la circulation, la stimulation des nerfs cérébraux
des surfaces muqueuses et de la peau, qui toujours retentissent
sur la circulation, secondent cette application.

Quoique les lésions de la circulation entretenues par
l'hypérémie indiquent l'emploi de la saignée, la connaissance
de toutes les propriétés et fonctions du sang est encore nécessaire pour diriger cet emploi, particulièrement lorsqu'elle est
impuissante pour déterminer le triomphe des causes qui entretiennent ces lésions de la circulation. *L'abus de la saignée* déterminant l'insufisance de la puissance conservatrice de la nature,
dont les fonctions vitales du sang sont les instruments, ces causes acquièrent plus de gravité, et la vie plus de danger.

TABLE

———

A

C

D

E

F

H

I

M

www.ingramcontent.com/pod-product-compliance
Ingram Content Group UK Ltd.
Pitfield, Milton Keynes, MK11 3LW, UK
UKHW021229140726
13695UKWH00002B/853